有料、有趣、还有范儿的内衣知识百科

你不懂内衣

U0344890

丁晓丹　著

江苏凤凰文艺出版社
JIANGSU PHOENIX LITERATURE AND
ART PUBLISHING, LTD

图书在版编目（ＣＩＰ）数据

你不懂内衣 / 于晓丹著. -- 南京：江苏凤凰文艺
出版社, 2018.10
　　ISBN 978-7-5594-3006-9

　　Ⅰ. ①你… Ⅱ. ①于… Ⅲ. ①内衣－基本知识 Ⅳ.
①TS941.713

　　中国版本图书馆CIP数据核字(2018)第232074号

书　　　名　你不懂内衣
著　　　者　于晓丹
策　　　划　快读·慢活
责 任 编 辑　姚　丽
特 约 编 辑　周晓晗　王瑶
出 版 发 行　江苏凤凰文艺出版社
出版社地址　南京市中央路165号，邮编：210009
出版社网址　http:// www.jswenyi.com
印　　　刷　天津联城印刷有限公司
开　　　本　880毫米×1230毫米　1/32
印　　　张　6
字　　　数　119千字
版　　　次　2018年10月第1版　2018年10月第1次印刷
标 准 书 号　ISBN 978-7-5594-3006-9
定　　　价　45.00元

出现印装、质量问题，请致电 010-84775016（免费更换，邮寄到付）

序

为什么要写这本书？

"市场上的内衣琳琅满目，我要从哪里入手才能建立起一个完美的内衣橱？"这是很多朋友问我的问题。当然，还有更多更细的问题，比如：

文胸的棉垫太厚，胸部一看就很假怎么办？

买集中型的文胸，胸是更挺了，可肥肉也被挤出来了，怎么办？

总是被钢圈勒出一道深深的红印，看着就痛，该怎么办？

每次穿运动文胸，脖子都要抽筋了怎么办？

找到喜欢、穿起来既轻松又舒服的文胸真的很困难吗？

……

上面的很多问题都集中在文胸上。

其实，除了文胸，内衣包括的种类还有很多。

经常遇到一些女性朋友这样向我提问："我的内衣怎么那么不合适，你能不能……"根据她们的语境，我可以立刻明白她们说的内衣其实只是"文胸"。事实上，笼统地把文胸叫做

"内衣"的人不在少数，这里面既包括普通消费者，也包括内衣销售员、时尚杂志编辑，甚至我们内衣工作者。

也许是做了多年内衣设计师的缘故，我特别不能容忍有人把文胸叫做内衣，几乎得了强迫症，遇上谁这么说都想纠正。2016年我在某问吧开了一个专栏，有位提问者对于我的执着很是不满。这让我想起19世纪末美国华纳医生的经历。他当年为纠正女性穿过于勒束的束胸衣，一边行医，一边做巡回演讲。可无论他怎么讲，女性也不愿放弃这些伤害身体的束胸衣，于是他干脆自己设计了一款"健康胸衣"，并改行成立内衣公司，即后来美国最大的内衣公司沃纳科集团（Warnaco Group）的前身。

我没有华纳医生的魄力和勇气，只能一遍一遍地提倡"欲立其身，先正其名"，只有先把概念搞清楚才能更好地谈论"内衣"这个话题。

"内衣"一词，工业领域常用的英文是"Intimate Apparel"，实际包括七种类型或至少五种，文胸和内裤只是其中的两种，其他还有睡衣、家居服等。

这五或七种类型也可以简化为两种：一种叫"日内衣"，另一种叫"夜内衣"。这两种足以概括内衣的全部种类，说法简单、易懂，女性朋友们也比较容易接受和理解。

所谓日内衣（Daywear），是指白天穿在外衣下的内衣。包括文胸、内裤、调整型内衣、日内衣背心等，袜类也可以归入日内衣。

所谓夜内衣（Nightwear），则是在以卧室为中心环境的非公共场所的穿着。比如家里既有公共区域也有私密环境，像客厅就是公共的，而卧室则是私密的。又比如在学生宿舍等起居处穿着的衣服等。包括睡衣和居家服。

羞于谈论内衣的并非只有东方人，西方社会也曾有过尴尬于公开场合谈论内衣的历史。羞于谈论，不外乎因为内衣与性有关。20世纪50年代，一位名叫弗雷德里克的美国人第一次在全国发行的男性和女性杂志上做内衣广告，他借用香奈儿的那句名言——"时尚可以消逝，但风格永存"，打出了这样一句内衣广告——"时尚在变，但性永不过时（Sex never goes out of fashion）"。

"性"这个词在当时还是说不得的话题，这句广告语被很多人视为有伤风化。不过它也从此破了大忌，在那之后，谈论女性内衣话题变成一件越来越酷的事情，谁敢谈论谁就被认为很有个性。

说起来，内衣讲究合体以体现女性曲线美，这也是在20世纪50年代才开始有的概念。虽然生产商已经开始生产合体内衣，但是女性并非一下子就接受了要选择"合体内衣"的概念。说来也许你不信，直到20世纪90年代中期，女性才普遍具有了买"合体内衣"这一意识。换句话说，我们的祖母可能一辈子都没穿戴过完全合体的文胸或者内裤。

内衣发展出今天这几个明确的种类，经历了漫长且复杂的过程。从灯笼开裆麻内裤到紧身弹力比基尼，从连体加吊袜带的束腹衣到只遮盖胸脯两个小点的三角软杯文胸，这近百年来走过的每一步都充满艰辛。

我们一直说，一部内衣的发展史其实就是女性解放自己、尊重自己的历史。所以，今天我们在谈论文胸时，如果能坦率地使用"文胸"这个词，其意义肯定大于是否使用了一个准确的词。

现在，就让我们开始了解内衣吧！

目 录

PART 1　了解与选购

关于文胸

关于内裤

关于睡衣与家居服

关于调整型内衣

PART 2　穿戴

PART 3   清洗与收纳

关于清洗

关于收纳存放

PART 4　身体护理

PART 1

了解与选购

关于文胸

Q1. 文胸有哪些种类？

　　穿戴文胸不仅能美化女性曲线，而且对健康也有好处。可如果使用不当，却会对女性的胸部造成伤害，因此，科学地选戴文胸至关重要。然而，自从文胸进入黄金时代以后，女人们选购文胸就成了一件既快乐又烦恼的事。快乐是市场丰富，可选择的范围大了；烦恼则是市场过于丰富，不免眼花缭乱。而且，虽然有胸型分类，但女性的胸脯仍然太多样化，再复杂的分类也不足以概括所有胸型。那么，如何才能找到适合自己的那一件呢？

　　年龄、胸部轮廓、季节、社会身份等都可能是影响我们选择文胸的因素。让我们先从这里开始了解吧！

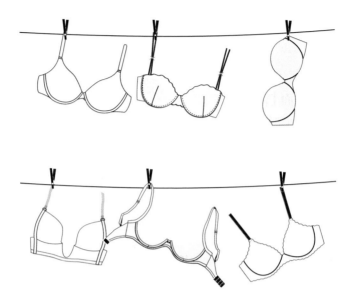

市场上的文胸款式实在是太多了，这些不同款式很难按照某一种规律分入某种类型，即使勉强做出分类，仍是你中有我，我中有你，要想做出十分清晰的分类极为困难。

针对极其丰富、复杂的女性胸脯特征，欧美内衣市场做了一个简便的区域划分：普通尺码（Regular Size）和大尺码（Plus Size）。

普通尺码是指32AA罩杯至36C罩杯，即国际尺码80A～90D。

大尺码是指D罩杯及以上，或38C罩杯起，目前到42J为止，即国际尺码90DD及以上。

现在有一些品牌或内衣公司专做大尺码文胸，但是做普通尺码文胸的品牌和公司仍然占多数。

按照面料分类：

质地平滑的面料

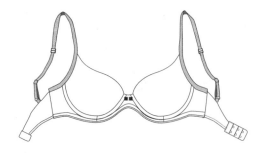

比如真丝面料，包括弹性缎和无弹性真丝等；

普通的微纤维面料，其中有提花或无提花图案；

更为普遍的针织棉面料，其中有带纹路的，也有无任何纹路的。

相对来讲，平滑面料制作的文胸更为实用，它不仅适于任何季节，而且在任何面料的外衣下，即使穿着相当轻薄的真丝或相当紧身的弹性针织面料外衣，这一类面料的文胸也很容易给人安全感。特别是天气炎热时，一件衬垫不太厚的针织棉质文胸是最佳选择，会让人感觉凉爽而舒服。

在我看来，这一类文胸应该是每个女人内衣橱里的必备品，可以每日穿戴。但显然，安全感可能并不是每个女人都需要的，更不是她们追求的终极目标。偶尔改变一下风格，还可以转换心情，这个时候，就需要第二类面料的文胸了。

质地不平滑的时尚面料

如全蕾丝面料、镂空绣花面料、花丝绒面料等。

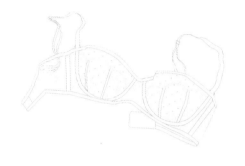

胸脯是女性最美丽的身体部位，也是最容易被男性注意到的女性特征，对它的爱当然应该表现得更开放、更丰富。况且文胸发展到今天，早已不仅仅是出于卫生和保护的目的了，让女人内心感觉更美好反而更为重要。时尚面料的文胸能充分满足女人的这种心情，因为它们更美观、更性感，即使穿在被人看不见的"里面"，也能让女性时刻感受到"为悦己而容"的满足感。当然，取悦男性并不是最终目的，但客观上，它们的确更容易引起男性的注意和欣赏。

非面料类

如硅胶文胸，现在受到越来越多的人的需要和喜欢。

按照罩杯形状分类：

文胸罩杯款式多种多样，到底什么是"半罩杯"，什么是"全罩杯"，我该如何分清？又怎么知道究竟哪一款适合我呢？这恐怕是很多女性的烦恼。

其实，罩杯有形状区分的多为带钢圈文胸。而因为有钢圈的限制，罩杯不外乎下面五种形状。我们只要对这五种罩杯结构有了基本的了解，再选择适合自己的那一款就会容易很多。

全罩杯（即4/4罩杯）

真正的全罩杯整体呈球状，可将乳房全部包裹在内，能罩全乳房的上半部分。这一种杯型最适合罩杯大或乳房大却扁平、偏软、外扩以及有副乳的女性，也更适合追求穿戴稳固性的女性。

全罩杯从结构上看，有如下几个特点：

1.罩杯结构上通常有横向杯骨，上碗与下碗的高度几乎相等；

2. 鸡心和侧比位的钢圈较长（如上页红线所示）；

3. 罩杯外形通常为高鸡心位（在所有罩杯里是最高的）、高侧比位（侧比钢圈长的结果）、加高夹弯位以及大U型后背；

4. 肩带靠近罩杯的中间，高度从胸部的顶端开始，是肩带开始位最高的一款。

在这款全罩杯的基础上，使用相同钢圈但改变领口形状，就可以变为部分全罩杯款。比如，降低杯口，肩带位置随之改变，往外、往低挪动。

又或者抹去罩杯上端的三角尖角，将罩杯降低成圆线形，随之可以把肩带去掉，变成一款无肩带调整型文胸。其鸡心位置与全罩杯一样不变，但领口调整后更像"方形"，肩带往外挪或完全去掉。

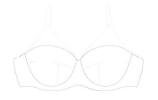

3/4罩杯

通常被称为"Balconette"，最常见的特点是领口呈心形，更多地暴露乳房上半部，有1/4乳房外露。3/4罩杯是现有罩杯形状里聚拢效果最好的。如果你想要明显的乳沟，这款罩杯肯定是首选。适合穿在低领或方领的外衣下。

3/4罩杯的结构有如下特点：

1. 鸡心位较低，低于侧比位；有不同的鸡心高度，但通常在全罩杯与V罩杯之间，比全罩杯低，比V罩杯高；

2. 通常罩杯有上碗和下碗两部分，上碗部分比下碗部分小；下碗部分通常再分两到三块，与上碗部分的杯骨线方向相反，同时有横向和竖向杯骨（如下图）。通常杯骨越多，越能贴合人体曲线，领口也就会越服帖；

3. 如果肩带连接到罩杯的下碗部分，内插棉倒立或斜放，受力点就落在肩带上，能给予胸脯最大的承托。

半罩杯（即1/2罩杯）

通常被称为"Demi"，Demi的意思是"部分"或"一半"，即罩杯包容乳房乳头以下的一半（包括乳头），露出乳头以上的部分。

半罩杯通常罩杯口开位较低，领口呈方形，因此会造成乳沟效果，特别适合乳房娇小及两胸之间距离较大的女性。半罩杯文胸虽然有一定的宽侧比侧收设计，但没有夹弯位，因此不适合胸型外扩、腋下有副乳或赘肉的女性穿戴。

半罩杯的典型特点如下：

1. 通常鸡心部位的钢圈与侧比位的钢圈高度相同，且鸡心位比3/4罩杯低；

2. 通常有竖向杯骨，如果是大罩杯，会有两条竖向杯骨；有时也可能是一条横向，或一条横向加一条竖向杯骨（如下图）。只有一条横向杯骨时，上碗比下碗小，鸡心位更低。

从制版角度讲，使用竖向杯骨是有因为能够更容易制造出一个更低、更开的领口形状，同时让下碗更浅，这样就可以把乳房推高。

1/4罩杯

罩杯低于乳头。有时被误称为半罩杯，实际比半罩杯还要低。

V罩杯

V罩杯文胸与全罩杯很像，但它在两个罩杯间做出一个明显的V型领口，是制造乳沟最好的款式。

V罩杯的结构特点如下：

1. 杯口通常呈斜线，是所有罩杯里钢圈最短的一个款式；

2. 鸡心位很低，尤其如果是聚拢型文胸，可能只有一根底围橡筋的宽度；

3. 如果是背心式文胸或三角软杯文胸，通常没有鸡心位；

4. 罩杯有两条或一条杯骨。有两条杯骨时，通常是一条斜向杯骨与一条竖向杯骨。只有一条杯骨的话，通常是竖向的。

　　总之，罩杯形状的不同，其实是造成了领口形状的不同。因此，要分清带钢圈文胸的罩杯形状，我们只要看看下面这张领口对比图就一目了然了。

　　左侧从后往前依次为全罩杯、变异全罩杯、3/4 罩杯、1/2 罩杯。右侧从后往前依次为全罩杯、V罩杯。

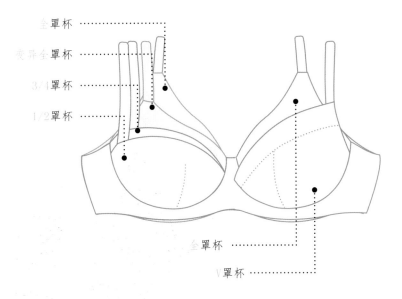

全罩杯

变异全罩杯

3/4罩杯

1/2罩杯

全罩杯

V罩杯

按照功能分类：

实用型：着重吸汗、保护、卫生等基本功能。

品味型：偏向流行、个性、设计等。

功能型：辅助修饰身材某处特定的小缺点。

调整型：强调曲线雕塑，需长时间穿着来达到改变身材的目的。

©EMILY YU 工作室

Q2. 钢圈真的能托举乳房，
防止它们下垂吗，

　　类似这样的疑问从钢圈出现就没有断过，而且观点还经常正反相对。有人会问：钢圈真的能托举乳房，防止它们下垂吗？也有人问：长期穿戴无钢圈文胸会让乳房的边际模糊吗？实际上，针对这两个问题，至今尚无科学而明确的答案。

　　曾有位运动医生对一组自愿不戴文胸的女性进行了多年的跟踪调查，他得出的结论是，这些女性的胸并没有下垂，反而比戴文胸的对照组还更坚挺一点。

　　除了钢圈是否能防止乳房下垂的争论之外，另一个呼声最高的问题就是钢圈是否有害健康，是否是引发乳腺癌的罪魁祸首。1990年，美国《医学日报》曾发表一篇题为《消灭钢圈》的文章，文章中指出钢圈长期压迫乳腺，阻碍淋巴液循环，从而导致了各种各样的乳房疾病。后来这一观点影响甚广，从医学界到女性社交圈，大家似乎都认同"钢圈有害健康"这一观点，给女性造成了很大的心理负担。

　　可事实真的如此吗？2013年于《心理肿瘤学杂志》上发表《胸脯高耸》一文的作者格罗斯先生认为这完全是无稽之谈，因为至今没有一项有力证据可以证明乳房疾病与文胸直接相关，无论是因为穿戴文胸还是不穿戴文胸。可是要说钢圈能改善下垂状况，格罗斯先生也并不认同。在他看来，乳房的体积、重量和人体的其他特征一样，是形态演化的结果。也就是说，下垂与否是女性天然身体条件决定的。否则，我们怎么解释为什么有乳房扁平的20岁女性，也有乳房仍丰满坚挺的60岁老太太呢？简言之，格罗斯先生不认为钢圈能起任何作用，无论是好作用，还是坏作用。

其实很多文胸专家都曾提到过一点：感觉乳腺受压迫并不是因为穿有钢圈的文胸，而是因为穿了钢圈不合适的文胸。可事实上，真正对这个问题加以关注的女性并不多，大多数女性在穿戴文胸上都存有误区。

女性要根据自己的年龄和胸部发育阶段选择是否穿戴有钢圈的文胸。如果是正在发育的年轻女孩，乳腺不能受到过多压迫，就应该选择无钢圈或软钢圈的文胸；但是要根据胸部的发育情况及时更换文胸，发育到一定程度之后就应换上有钢圈的文胸，以防止胸部下垂的情形出现。如果是已经发育成熟而身材仍十分娇小的女性，因为对于承托的要求没有丰满的女性那么高，可以多选无钢圈或软钢圈文胸。

这里要纠正一个选择误区：不是穿有钢圈的文胸就会压迫乳腺，大部分是因为穿错才压迫。

Q3. 常见的无钢圈文胸有哪些？

硅胶文胸

硅胶文胸通常无后背、无肩带，只有两个由硅胶制成的罩杯，罩杯内涂有医用级别的黏胶，可以直接贴在乳房上。

我们大概都有过这样的经历：今天想穿某一款露背装或抹胸裙，可试遍了所有的文胸都不合适，不是露出了不该露的肩带，就是露出了背钩……这个时候，硅胶文胸就是最佳的解决方案。每位女性都需要为自己备上一副硅胶文胸，因为它能在你想要充分展现性感时，给乳房最好的支撑和保护。

造型式文胸

也称为"魔杯式文胸"。用一体式热压模杯制作的文胸，具有突出和定义胸部轮廓的功能。由于模杯通常用海绵或填充纤维制作而成，有一定厚度，故绝对不会出现露点情况。

此款文胸会使胸型看上去绝对圆滑和对称，因此特别适合两胸不对称的胸型。但它并不会让胸部看上去更大。

无缝式文胸

又称"一片围"。半无缝式，又称"半片围"。

所谓"一片围"，就是除去肩带以外，罩杯、围度、背钩等完全是一体成形，无拼接缝。罩杯通过所谓的"子弹头"冲模技术高温定型，呈现3D立体效果，让胸部自然丰满盈润。罩杯厚度可控，通常在1.5厘米左右，上薄下厚。肩带较宽。

所谓"半片围"，就是在侧比有接缝，围度一体成型。这款文胸特别适合搭配T恤，或布料较为柔软光滑（如丝绸）的外衣，或紧身的弹性针织外衣。

抹胸

又称"一字文胸"或"裹胸"。抹胸是最简单的文胸款式，用一块布围在胸部而成。这种文胸几乎没有支撑力，因此只适合小胸女性。

胸衣

通常是用蕾丝制作的无钢圈、无胸垫的整体舒适胸衣，集运动、休闲与时髦元素于一体，既可以内穿，也可外穿出街。

胸衣没有塑形、支撑的功能，所以更受拥有小巧、坚挺胸型的年轻女性欢迎。不过也正因为它不能制造集中、深V、高耸等效果，呈现的是自然状态，深受崇尚天然的时髦女性的追捧，因此经常被套在外衣下外穿出街，或内搭在比较宽松、随意的外衣或睡衣下暴露出来。

胸衣常见三角软杯设计。内穿的三角软杯现在大多配有小插片，可以根据自己的需要装卸以避免凸点。如无插片口袋设计，就需要佩戴乳贴。

Q4. 选择钢圈文胸时，底围和罩杯总有一个不合适，该如何解决？

这种底围和罩杯总有一个不合适的情况分为很多种。

钢圈部位的底围合适，罩杯却总是过小；如果选择合适的罩杯，底围又会过大。

这种情况通常出现在乳房D罩杯或以上的女性身上。这种胸型通常被称为"球形胸型"，胸围从底部到乳头处不是像其他胸型那样越来越小，而是越来越大，甚至溢伸到身体躯干以外。

形成这种胸型的原因很多，常年穿着不合适的文胸可能是主因。比如，文胸质量差，没有足够的支撑；经常不穿文胸；体重长期频繁增减；常年穿戴错误尺码的文胸等。当然，也有天生如此的胸型，比如发育过快或过于成熟的年轻女性。

文胸款式推荐：

1. 最好的选择是裁剪缝制一体化的文胸。这类文胸通常是立体裁剪，完全按照胸部曲线拼缝制作而成，能形成非常贴合胸部线条的圆弧形。罩杯可以由两块或多块布料组成。通常接缝越多，支撑力度越好。

2. 选择罩杯使用非弹性布料的文胸，能更有效地支撑乳房，使其不会轻易晃动。

3. 选择带有侧翼胶骨的文胸，这个胶骨可以对乳房起到一定的固定作用，使乳房保持在身体前方和中间，而不是向身体外侧溢出。

4. 全罩杯当然是极其必要的选择。

5. 深V型文胸也是一个不错的选择。

6. 不要选择轮廓式模杯文胸，除非模杯是由大尺码文胸专制公司出品的。一般的模杯是不可能给这种胸型以足够正当的支撑的，也不可能合体。

钢圈总是显得过宽，老往下滑。

那是因为你的胸型是我们常说的"薄胸型"。C罩杯以下的小尺码胸常见此类胸型。

通常这种胸型乳房下围较小，两个乳房之间距离较大。这种胸型还会经常遇到乳房不能把整个罩杯撑满的情况。

文胸款式推荐：

1. 不建议选择一般的钢圈文胸，它们不可能合身，而且钢圈的位置不合适还有可能伤害到你的胸骨。

2. 软杯文胸（没有钢圈）会比较舒服，但无法体现出比较优美的胸线。罩杯可能撑不满，可用活动胸垫弥补。

3. 推高式文胸比较好，能让胸型显得丰满。

4. 在底部和罩杯外侧带胸垫的推高式文胸最为合适。

5. 在罩杯底部使用活动式衬垫，会让你的胸型更为丰满。

6. 由较硬的模杯制作而成的轮廓式文胸也是一个不错的选择，能让你的胸型看上去更圆满一些，也可以掩盖乳房不能充满整个罩杯的缺陷。

7. 深V型文胸也可选择，但要选择中间钢圈位置较低的款式。

文胸底托很合适，罩杯却不能被撑满。

这种情况经常出现在胸型较小的人身上。胸部底围足够圆润，可是胸很小，这样的胸型被称为"锥体胸型"，近似冰激凌蛋筒的形状。市面上的文胸一般是按比例进行设计的，对于这样的胸型来说，通常选择合适的底围后，罩杯就会太大，出现空杯现象。

文胸款式建议：

1. 轮廓式模杯文胸是这种胸型最好的选择。左右罩杯之间的连接部分较高，罩杯底部如果有加厚则更好。

2. 可以在罩杯的底部放入活动式小棉垫以衬出胸线，填满罩杯。

3. 底部加厚的推高式文胸可以从底部和两侧往上推挤乳房，使胸部看上去更丰满，还有可能造成乳沟。A罩杯或B罩杯的小胸可以选择底部加厚的推高式文胸。

4. C罩杯或更大罩杯，应选择"轮廓减小式文胸"，它会让你的胸部看上去更圆满，但又不会过于丰满。

5. 最好不要选择软杯或没有任何结构支撑的文胸。它们没有塑形功能，会让你的胸线毫无魅力。

Q5. 有哪些特殊的功能性文胸？

运动式文胸

运动文胸不仅仅是比普通文胸增加了支撑力，而是在女性运动时，尤其是做前跃或跳跃动作时，对胸部韧带和软组织加以保护。

运动文胸的设计原理是尽可能固定住两个乳房减小其晃动幅度，减小女性运动时的痛苦和烦恼。

随着人们运动意识的提高，运动已经成为女性日常生活中十分重要的事情，运动文胸也成为女式内衣中十分重要的一个品类。

T恤式文胸

T恤式文胸剪裁与半罩杯或全罩杯一样，通常使用平滑面料或无缝模杯。线条简洁流畅，穿在T恤下不会露出文胸痕迹。

T恤式文胸是搭配在针织衫（包括T恤衫、轻软的毛衣）和紧身衣裙最理想的文胸款式。

孕妇文胸

孕妇文胸的设计具有较强伸展性，以适应女性在怀孕期间胸部尺码的不断变大。

哺乳文胸

哺乳文胸的设计是为方便产妇授乳，让婴儿更容易接触到母亲的乳头。传统上，哺乳文胸上有一块可以从上端揭开的布，翻下来就可以露出乳头，方便哺乳。

轮廓减小式文胸

特别为34C罩杯以上的胸部丰满女性设计，通过压平、均摊乳房纤维等方法，可达到视觉上减少1～2个罩杯尺码的效果，让胸部不会显得过于丰满。而且这种文胸普遍更为舒适。

Q6. 你喜欢多厚的胸垫？带垫还是不带垫？

走进国内的内衣店，常常看到的大约只有两种风格：一种是上面附着大量刺绣的厚模杯或厚棉垫款；一种是老气横秋的调整型。无论哪一种，其实都是为了让胸部看上去更大、更挺，以挤出"事业线"为目的。

可这是你希望的吗？

海绵模杯是从西方来的，最初面世时的确引得无数女性为之着迷，又被称为"魔杯"。不过，这样的厚杯或厚垫文胸在今天的欧美内衣市场早已不是主角。随着女性自我意识的提高，不要说厚模杯，就是厚海绵垫也开始因为效果虚假而遭到她们的厌弃。它们开始变薄，从全罩杯加厚模杯变成只有罩杯下半部分加厚；形状和大小也发生变化。如果原先的罩杯是棉垫设计，一定会占满整个罩杯，现在即使是全罩杯设计，胸垫也可以只占罩杯的一半，甚至更少。今年我甚至看到过只占三分之一罩杯的杯垫设计。欧美市场意识到，或者希望消费者意识到，胸垫其实只要能够遮点就足够了。

其实如果问现在的国内女性："你喜欢多厚的胸垫？"恐怕有不少人的回答会是："薄薄的一层就好。

太厚的胸垫除了能塑造"波涛汹涌"的效果以外，跟薄杯比，对胸部的保护并没有什么特别，只会让我们感觉虚假而

不安。可是如果罩杯完全没有棉垫，只是薄薄的两层布，我们又会有凸点的担心。所以，不超过1厘米厚的棉垫我觉得恰到好处。希望我们的市场可以有更多这样的设计以满足女性的需求。说到底，内衣市场终究是为女性服务的。

文胸的海绵是通过压模成型的。一般有三层材质，最外面上下两层贴布，中间通常是聚氨酯海绵，也是常说的普通海绵。处理时会加一些抗黄棉，防止海绵发黄。海绵的厚度可以按照设计师的要求制作。质量好的海绵具有良好的透气性，吸汗能力强。前两年直立棉也曾风靡过，但直立棉与聚氨酯海绵究竟哪个更好，一直存在争议。

最外面的上下两层贴布，通常是用全涤75D佳积布；要想手感再细腻柔软一些，则用50D佳积布。质量再高的，则用全棉或T/C涤棉布。

不过，到底是要穿带垫还是不带垫的文胸，纯属个人喜好。

在过去一二十年里，大部分中国女性比较追求聚拢、高挺的效果，所以市场上绝大多数文胸都是带有棉垫的，而且是比较厚的棉垫。而现在，特别是最近一两年，棉垫的薄厚出现了更多的选择。有热压一体模杯、子弹头冲绵垫和车缝棉垫等，每一种的薄厚都有不同。有整个罩杯同一厚度的，也有底部半杯加厚的，而棉垫的厚度的选择则更自由了。

棉垫薄厚的变化，也反映了女性对待自己身体的态度变化。

如果你的乳房有一大一小的现象，那选择一体模杯是最合适的。如果希望自己的胸看上去更大，那选择有聚拢效果的带厚垫文胸也无可厚非。可如果你希望自己的胸既受到足够的保护又能保持自然的状态,那么1厘米厚的车缝绵垫就是非常好的选择。

Q7. 什么是软杯文胸? 适合什么胸型的人?

所谓软杯文胸,就是没有钢圈、没有海绵垫,通常只有薄薄两层布料的三角杯文胸。外形和比基尼泳衣的上衣很像。

这种文胸因为罩杯柔软、对胸部没有束缚,会让穿着者感到放松自在。不过也正因为只有薄薄两层布料以及对胸部的束缚和支撑不够,所以它更适合罩杯34C/36B以下、乳房小而坚挺的女性。比这个尺码大的胸型,乳房就很难被三角杯承托住,因此不建议购买、穿戴。

Q8. 胸型是怎么分类的?

市场上标准化的文胸结构设计会针对不同胸型设计制作不同的款式。就是说,某些款式肯定更适合某种胸型,某些胸型不适合穿某种类型的文胸。我经常听到身边女性朋友抱怨自己遇到的问题,这些问题也是其他女性经常遇到的,究其原因就是她们穿上了不合适的文胸。所以，了解自己的胸型是找到对应文胸款式的第一步。

娇小胸型

娇小的胸部，最容易用文胸来进行弥补。对于胸部娇小的女性而言，下厚上薄的3/4罩杯文胸能集中托高胸部，塑造丰满、自然的胸部曲线。但如果胸部尤为平坦，那全罩杯则是最佳选择，全罩杯的密合度较佳，弯腰时不易发生空罩杯的情况。

另外，小胸女性也不要因为胸部小而选择过紧的文胸，略大一点的文胸才能让胸部血液顺畅流通，并且给予它朝合适的位置发展的空间。如果你希望胸部显得更丰满，应首选轮廓式模杯文胸；如果你不在意大小，可以选择三角软杯文胸，当然最好配一副活动式棉垫。

丰满胸型

C罩杯以上便属丰满胸型，丰满胸型要保持挺实、不下垂、不外扩，选对文胸是关键。身材丰满的女性宜选择轻薄的丝质面料文胸，最好不要选有棉垫的文胸，V罩杯和3/4、4/4型都比较适合此类胸型。另外，宽肩带加钢圈，也能更好地支撑胸部的重量。

下垂胸型

胸部下垂的女性，应该选择无弹性全罩杯以加强胸部支撑，肩带与后背带也都需选择较宽的款式，并尽量使用钢圈和侧部有加强功能的文胸，使之加强衬托，由下往上地支撑，才能将下垂的胸部承托起来。

乳房有副乳型

有副乳的女性应该正确选择聚拢、软性布料加强文胸，从而达到胸部向内聚拢的效果。后背扣与前肩要相配合，并尽量穿戴带有固定型钢圈功能的文胸。整个文胸应全部托起胸部并包裹住乳房，这样才能支撑、聚拢、调整副乳。

Q9. 应该在什么时候购买人生中第一件文胸？

生活中，不少人认为到了16岁或者乳房隆起就应及时穿戴文胸，但这并不科学。

事实上，不管你多少岁，只要看到自己的乳房开始隆起，就应该拿起软尺从乳房的上底部经过乳头到乳房的下底部进行测量。如果测量出的数字大于16厘米，那你就应该穿戴文胸。如果年龄大于16岁而测量结果还是小于16厘米，则仍然不宜穿戴文胸。因为过早穿戴文胸不仅对正处于发育隆起的乳房不利，而且还有可能影响以后的乳汁分泌。

也就是说，何时购买人生中第一件文胸，不是根据年龄，而是根据乳房发育的速度和大小来决定的。而乳房的发育受遗传、营养、运动等各种因素的影响，每个人的状况都会有所不同，因此需要对自己的身体保持敏感并加以科学的认识。

一般而言，大多数女孩在长到16～18岁时，胸廓和乳房的发育会接近成熟，所以，这也是我们通常提倡的开始穿戴文胸的年龄。

但有一部分人会觉得"虽然我的乳房已经发育成熟，可我不想穿文胸"。可是这样好吗？

当然不好。乳房在充分发育后就需要加以保护，否则日常行走、运动和劳动等都有可能使乳房因过度晃动而造成伤害。乳房是人体少有的没有肌肉的器官，胸部韧带一旦受伤不仅无法修复，而且也无法通过任何方法再得到加强。

所以，及时穿戴文胸是保护乳房最简便的方法。

除了减少伤害，文胸还可以托起并支撑乳房，使其血液循环通畅，有助于乳房的进一步发育。

Q10. 第一次购买文胸时，应该做些什么准备？

首先要学会测量自己的胸围尺码

测量上胸围
上身前倾45°；
软尺绕过乳点一周，得出上胸围尺码。

测量下胸围
身体直立，软尺贴近乳根；
水平环绕一周，得出下胸围尺码。

了解计算罩杯尺码的公式

罩杯尺码＝上胸围－下胸围。

上下差若在10厘米左右为A罩杯，在12.5厘米左右为B罩杯，在15厘米左右为C罩杯，在17.5厘米左右为D罩杯，在20厘米左右为E罩杯，在22.5厘米左右为F罩杯，以此类推。

有了这个公式以后，就能轻松得出自己比较确切的罩杯尺码了。

如果你的下胸围是75，罩杯为B，对应的文胸尺码就是75B。

Q11. 如何看懂文胸的尺码？

如上所述，罩杯尺码通常由一个阿拉伯数字和一个字母组成。这两个数据看似简单，但对女性朋友而言是选择文胸十分重要的依据，需要牢牢记住。

用阿拉伯数字表示的底围尺码永远不变

也就是说，一旦找到最合适你、让你感觉最舒服的底围数字，比如75或80，那么你看中任何品牌的任何款式，你都可以自信地选择那个数字。因为对于任何款式来说，无论罩杯如何变化，底围的长度都是不变的。举例来说，75B的底围长度与75C或75D的底围长度没有任何不同（如下图）。

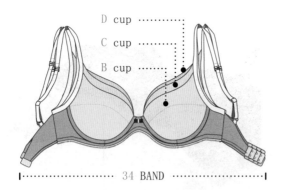

罩杯随底围尺码变化而变化

文胸罩杯的容积因为底围增加而增加，比如同样都是B罩杯，70B<75B<80B。看上去似乎变化的只是底围尺码，实际上罩杯容积也发生了变化。因此，如果文胸底围尺码发生了变化，你就需要调整你的罩杯尺码（如下图）。

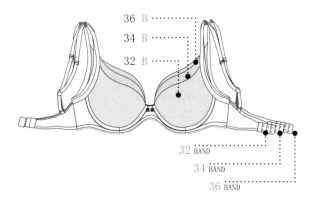

不过，请永远记住一个终极原则：合适才是一切!

Q12.

有关文胸结构的名词有哪些？

　　了解这些名词，对了解复杂的文胸结构很有帮助，我们在实体店选购时能更容易与店员沟通，特别是在电商平台上选购时会更容易理解款式描述，有助于我们选购到合适的文胸。

　　不过有关文胸结构的名词实在很多，如果不是专业设计师或生产人员没必要全部知道，只需掌握下面这几个名词的概念即可：

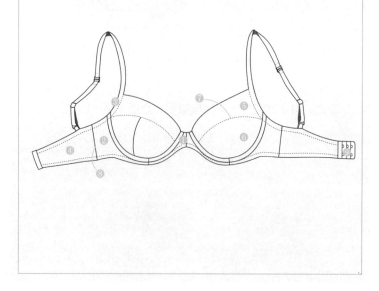

Column

1. 鸡心：又称心位、前中位。

2. 侧比：又称侧翼，是后比与罩杯之间的连接结构部分。

3. 夹弯：又称比弯，是罩杯靠近手臂的位置，起到固定、支撑和包容副乳的作用。

4. 后比：又称后翼或后拉片。

5. 上托：又称上碗，是罩杯的上半部分，通常是一整片。

6. 下托：又称下碗，是罩杯的下半部分，有一片、两片或多片之分。

7. 杯骨：连接上托和下托的那条线。

8. 胶骨：连接后比与侧比的结构。通常是细窄条的塑料制品，有一定韧性，可以支撑侧比，使其不起皱、不变形。

9. 背扣：又称钩扣，可以调节下底围的长短。

Q13. 买文胸一定要试穿吗？

当文胸只有实体店单一销售方式时，试穿曾是自然而然的事，没有人对此有所怀疑。

市场上的文胸款式很多，又有很多不同的品牌生产商，即使是同一个尺码，不同款式、不同品牌也会有所差别，做不到只要尺码一样就全都合适。而且你自己的身体也在不断变化中，以前尺码合适的文胸很有可能过一段时间就变得不合适了。因此当你在实体店里购买文胸时，一定要试穿！试穿除了要试你平时穿的尺码，最好再多试几个与其相近的两个尺码，这样才能知道到底哪一个最适合自己。

如果不知道自己的尺码，可以在买内衣的时候让导购帮你测量一下。

不过现在很多的内衣品牌在电商平台做生意，有些内衣品牌并没有实体店，基本没有试穿文胸的机会。那该怎么办？

首先，最好选择能提供多种尺码标准的内衣品牌。如果是文胸，尺码应不只是简单的S、M、L，而是有更详细的罩杯尺码分类，比如从70到85、从AA到EE等。

其次，最好选择能提供详细购买指南的内衣品牌。为了让消费者不经过试穿就能买到合身的文胸，这些内衣品牌通常会下很多功夫，用数据和绘图给出非常详细的选购指南，你只需要依照"量体指南"认真测量自己的胸围即可，一般都能买到比较合身的文胸。

Q14. 两个胸大小不太一样正常吗？该如何选择文胸？

正常。这世上没有一对乳房是一模一样的。

也就是说，没有两个女人的胸是一模一样的，同一个女人的左右两胸也不一样。可能一侧稍大，一侧稍小，左右差在一个罩杯尺码之内；可能一侧稍高，一侧稍低；乳头的大小也可能不同，凸出的方向亦会有细微差别。

因此，在确定了胸型以后我们还有一个工作要做，就是确定自己两个乳房的差别有多大。

在选择文胸时，我们应该根据较大的那个乳房的尺码进行选择，用其他辅助手段弥补偏小那个乳房的不合适。比如，如果乳房小的一侧产生空杯现象，可以在那侧罩杯里使用活动式棉垫。

两个胸的大小差别如果是在一个罩杯尺码内，穿模杯文胸便可以弥补缺陷；如果差别太大，就需要私人订制合适的文胸了。

Q15. 不同年龄阶段的人应该如何选择文胸？

少女时期：应注重保护性和支托性。讲究舒适性、吸汗、辅助塑造初期胸型。通常款式有AA系列、背心围等。

青年时期：应注重保护性和美化性。可以修饰胸部、增加美感。通常有蕾丝花边系列、轻型收束系列。

中老年时期：注重保护性和修身性。通常有全杯型、中型、重型收束系列。或注重保护性和保健性。通常有无钢圈系列和轻型收束系列。

少女时期

对于青春期的少女来说，选对文胸可以为未来的乳房发育打下重要基础，所以万万不能马虎。

这个时候选择的文胸不能过紧，也不能过松。有些女孩发育比较成熟，但乳房体积较小，这类女孩常犯的错误就是选用很宽松的文胸或者干脆不穿文胸。这样会使乳房失去依托，虽然还不至于下垂或者变形，但为未来的发育埋下了不小的隐患。

少女还处于未完全发育的阶段，日常运动量又比较大，文胸应选择柔软、透气好、散湿性强的材质。

虽然棉布是公认的健康材质，但对少女并不适合。因为棉布吸湿性太强，又无法速干，日常运动量大、出汗多的少女穿着可能会很不舒服。因此应选择优质的弹力化纤面料，比如锦氨、尼龙等，或这些成分含量较高的面料。

还在发育阶段的少女不宜穿戴有钢圈的文胸。

对少女来说，最近市场上大热的用贴合工艺制作而成的无痕背心围，是非常合适的款式。背心围在胸部用一种叫"子弹头"的磨具冲出一个凸起的空间，形成可扩展的弧度空间，很适合青春期乳房快速发育变化的需要。这个凸起的空间通常有两层，在背面有可以装棉垫的口袋，需要时可以插入活动式棉垫，对乳头加以保护，也防止凸点的尴尬。

青年时期

对这一年龄段的女性来说，选对文胸就像选对结婚对象一样重要。事实上，市场上大部分的文胸产品都是为这个阶段的女性提供的，几乎所有的款式都可以在她们的选择范围内，比如钢圈、模杯、插片文胸等，她们有充分试穿、找到最适合自己那一件文胸的机会。

对她们来说，理想的文胸应该是在人体活动时刚好能托起乳房，能尽量限制乳房的活动而不影响呼吸，取下后皮肤上不会留有压迫的痕迹。同时，美感在这一阶段也格外重要，因为这是她们人生中最美好的年龄段，选择文胸尽可以大胆、前卫，给自己的身体以充分展示的机会，不留遗憾。

因为此时女性的乳房已基本完成发育，文胸的大小以完全贴合为最佳。过小，会压迫乳房和乳头，影响呼吸，使乳房感到不适；过大，则达不到支撑、保护乳房的作用，也会严重影响美观。

这一阶段的女性大多会经历哺乳过程，有穿戴哺乳文胸的需求。如何选择哺乳文胸，后面会特别讲解。

中老年时期

这一年龄段的女性身体普遍"发福"，大多需要穿超大尺码的文胸。

　　在欧美国家，有一个专门供给大身材的文胸区域叫做"Plus Size"，目前，在市场上所占的份额也越来越大。

　　与普通尺码的文胸相比，大尺码文胸显然更注重功能性，焦点集中在"罩全（Full Coverage）"和"推高（Push Up）"上。中老年文胸市场上可以矫正下垂的全罩杯款式居多。全罩杯式大多有钢圈，或者底围用较宽的橡筋，这些都是防止下垂的重要设计。大尺码文胸最好是宽肩带的，一般应不窄于2~3厘米。因为乳房有一定重量，只有足够宽的肩带才能给予足够的支撑，否则很容易造成肩背疼痛。如果肩带不够宽，可以购买加宽的肩带。

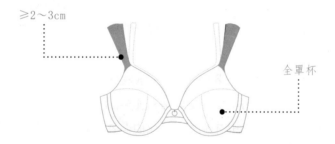

　　拥有大尺码乳房的女性常常对文胸有更多、更高的要求，可是我们也注意到，市场上适合这部分人群的文胸跟普通尺码比，款式少很多，美观度也低很多。我常常听到大罩杯女性对此事的抱怨，也常常收到私信问我为什么不能为她们设计更为美观的文胸。因为文胸设计特别受技术的影响，大尺码的文胸在功能性方面有格外要求，尤其有赖于技术方面的支持。比如，如果能出现新的弹力布料，或是更符合人体力学的模杯、钢圈，甚至研发出功能创新的肩带、围带、背钩等，这部分设计就能出新。否则，就很难在美观和功能并重上有所突破。

Q16. 底围只有70，可罩杯却是E，应该如何选择文胸？

底围小，罩杯大，多出现在发育特别成熟的年轻女性身上。

这种胸型需要选择罩杯尺码分类更为细致、丰富的文胸款式，如果尺码分类仅有S、M、L肯定不合适，一定要选按照罩杯尺码分类的文胸，比如A杯从70~90都有，或者从70A~70E都有的类型。

不过，因为尺码分类越多就越容易造成库存积压，所以一般品牌都不愿意这么做，市场上只有为数不多的一两个品牌肯这样冒险，这类胸型要选择文胸有很大困难。有的人只好买来罩杯合适的文胸，然后自己改短底围，或者私人订制。

Q17. 文胸穿上后，总是塌陷着，皱皱的，应该怎么办？

这种胸型的形状很像投影效果，即有着合适的底围，但乳房却没能充满整个文胸的罩杯，这种胸型叫做投影渐小形胸型。

文胸款式推荐：

1. 首先应选择钢圈胸围尺码合适的文胸，然后借用强化胸部的配件，比如活动式棉垫之类，填充罩杯里面的空隙。

2. 选择使用弹性布料制作的罩杯，可以根据胸型自行调整松紧度。

3. 选择罩杯上端有弹性橡筋带的文胸。

4. 轮廓减小式文胸可能是非常好的解决办法。这种文胸的罩杯通常在设计时就会把这个问题考虑在内。

Q18. 罩杯大但不想显得太丰满，应该如何选择文胸？

你可以选择模杯文胸，不会再增加胸部尺码。也可以选择减小胸型式的文胸，这种款式的文胸通常是将胸部推高，再分散胸部纤维组织，以便让胸部看上去不再那么突出。

或者选择有运动风格的文胸，这样也可以给肩膀和下围更好的支撑。

Q19. 明明是A罩杯，需要把自己穿成C罩杯吗？

当然是完全不需要。

且不说市面上那些为了让A罩杯或AA罩杯显得更丰满而设

计的文胸有多可笑，垫那么厚的垫有多不自然。如果我是个纤细苗条、四肢修长的人，A罩杯对我来说，不但不减分反而是加分。它们让我更轻盈，更飘然似仙，周围的女性朋友们不知有多少都在羡慕我呢。

其实A罩杯真的有很多令人羡慕的地方。现在很多网络论坛上都有类似"平胸女人更美丽"的话题，网友们总结出了A罩杯的种种好处，不是"酸葡萄"，更不是自欺欺人。比如，跑步或跳舞时乳房不会因为晃动而疼痛；睡觉姿势可以更加随心所欲，趴着睡也很舒服；而最让小胸女性开心的是，最困扰那些大胸女性的下垂烦恼，A罩杯完全没有。

早几年欧美已经出现了"我是平胸我骄傲""平胸女联合起来"诸如此类的互联网群组，还有像"胸小心大"这样的命名网站。参加这些群组的人，对市场上销售的内衣提出的口号是"你驾驭得了我（的乳房）吗？"而不是"我（的乳房）够大（穿你）吗？"

她们不再在乎女性内衣是不是能把自己的胸衬托得更大，而是呼吁设计师们设计出更多适合自己自然身体状态的内衣，比如三角软杯、不带海绵垫的单层文胸等。

其实不止欧美，娇小身材居多的国内也能听到越来越多的"A罩杯也不错"的说法。胸小怎么了，没有乳沟怎么了？很多小胸女人要不是需要上班，会议室总是冷气过量会造成"凸点"，她们不穿文胸也觉得没什么，是否是A罩杯更无所谓。

这当然是勇敢前卫的观点，尤其现在仍然有那么多形容A

罩杯的词，比如"一马平川""飞机场"等。即使不说充满恶意和鄙俗，也肯定不是什么好意。敢于接受自己的真实，认可自己的不完美，其实是更完美的美。

选择穿什么样的文胸，是由你对待自己乳房大小的态度决定的。

Q20. 你应该有哪些颜色的文胸？

文胸抽屉里，平滑面料和非平滑面料的文胸应该占比差不多。平滑面料因为其基础性，以素色为主，黑、白、肤三个基本色是必备，最好也有一两件炭灰和花灰色。同时，每个季度可增加一款流行色。

非平滑面料的文胸，比如蕾丝、刺绣文胸等，颜色就可以比较大胆和开放，多以流行色为主，或者完全不考虑流行颜色，选择自己钟爱的就好。

©EMILY YU 工作室

关于内裤

内裤是女性最重要的贴身衣物，因为直接跟身体最敏感的部位接触，所以选择一款好的内裤对女性来说可能比选男朋友还要有挑剔精神。那么，要怎么挑选适合自己的内裤呢？

Q21. 常见的内裤材材质有哪些？

棉

棉的种类很多，包括棉花的棉，各种天然纤维织就的棉，比如莫代尔棉、匹马棉、竹纤维棉等，还有备受推崇和青睐，价格也比较高的各种有机棉。

棉质具有很好的亲肤性，很少有人会对棉质过敏，因此，我个人认为内裤最好的材质是棉，建议每个女性的内裤抽屉里，以棉质为主的内裤起码应该占一半比例。

弹力色丁

通常表面光滑，有亮度，背面暗沉。其原料可以是棉、混纺、涤纶、纯化纤等。色丁被注入氨纶丝的面料就是弹力色丁，光泽度、悬垂感都很好。轻薄柔顺，抗撕裂度高，丝绸手感，品质高雅。

也有真丝弹力色丁，但价格十分昂贵，只有高端品牌才会使用。

弹力色丁虽然有一定弹力，但如果用在整条内裤上还是会有弹力不足的问题，因此弹力色丁通常会混搭其他材质制作内裤，比如弹性蕾丝、弹力网纱等。

蕾丝

又称花边，是一种网眼组织，最早用钩针手工编织。

蕾丝使用尼龙、涤纶、棉、人造丝作为主要原料，如果加入氨纶或弹力丝即可获得弹性，成为弹性蕾丝。

内裤上常见的弹性蕾丝类型如下：

尼龙（或涤纶）+氨纶：常见的单色弹性蕾丝；

尼龙+涤纶+氨纶：由于在锦和涤纶上染的颜色不同，制成双色蕾丝；

尼龙（涤纶）+棉：可以做成花底异色效果蕾丝；

全棉+氨纶：棉质弹性蕾丝。

弹力网布

通常是针织网布，原料一般为尼龙、涤纶、氨纶等。柔软轻薄，透气性好，弹力大。

微纤维

又称超细纤维。用合成纤维制作的布料，其纤维单位在0.3旦（直径5微米）以下，仅为真丝的1/10。最常见的超细纤维材料是化纤或尼龙，或尼龙和化纤的混合，也就是绦纶和锦纶两种。

超细纤维由于纤度极细，大大降低了丝的刚度，制作成布料手感极为柔软，还有真丝般的高雅光泽，并有良好的吸汗、散湿性。目前，微纤维是制作内衣最流行的材料，成品舒适、美观、保暖、透气，有较好的悬垂性和丰满度，在疏水和防污性方面也比一般纤维要高。

超细莫代尔

由澳大利亚蓝晶（Lenzing）公司注册商标的一种微纤维，用山毛榉纤维素纺制的布料。这种纤维比丝线还精细，织成的布料非常精致且质量轻。用超细莫代尔制作的女性内衣，被美誉为"第一肌肤"，顾名思义，比"第二肌肤"更胜一筹，几乎可以做到没有穿戴痕迹。超细莫代尔表面光滑，可以防止酸橙和洗衣液的沉淀，即使经过多次洗涤后仍然如丝般光滑柔顺，颜色明亮鲜艳。超细莫代尔比棉的吸水力强50%，因此可以让皮肤更好地呼吸。

匹马棉

特指在美国、澳大利亚、秘鲁生长的一种超长短纤维棉，世界只有少数地方可以出产，数量十分有限。匹马棉以前被称为"美国-埃及棉"，后来被重新命名，以奖励在亚利桑那州的撒卡顿为美国农业部种植了这种棉的匹马印第安人。匹马棉与高地棉的主要区别在于纤维的长度和力度。在美国，如果棉纤维长于1.375英寸，就被认为是匹马棉。它的韧度和细度都比高地棉要好。质地自然柔软、手感顺滑，悬垂感特强，织出来的布料韧性十足，价格相应地也比较高。

Q22. 内裤有哪些常见款式？

内裤的款式是经过几十年发展积累而来的，市面上看似种类繁多，令人眼花缭乱，其实大体都可以归入五种基本款式：

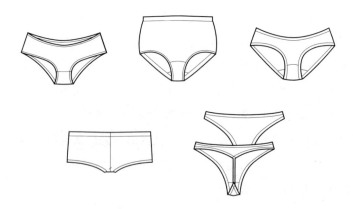

经典短裤

　　内裤中最常见的款式。腰部位于或稍低于肚脐，故分为高腰短裤和低腰短裤。年龄大的女性更适合高腰短裤，因为它对腹部有更好的保护。低腰则更适于年轻女性。跟比基尼相比，它包裹臀部和腿根部更为严实。腿部开口有高开或普通开样式。

比基尼短裤

比基尼短裤是从泳装概念演化来的内裤款式，腰部通常低于肚脐。后来因为出现了超低腰的牛仔裤等裤型，也就有了更低腰的款式。

比基尼短裤的腰围在臀部靠上，腿部有时为高开口，特别高开时两侧可为细带，称为细带比基尼，夏季尤为常见。

臀裤

与臀部熨贴的一款内裤，所以叫臀裤。

这一款式是我最喜欢推荐的，我个人也穿得最多。它的两侧长度其实很像经典短裤，又比比基尼短裤的侧翼长，因此两侧感觉十分妥帖。腿部开口也与经典短裤相像，相比比基尼的腿部开口要低，因此对下腹和臀部都能有足够的包裹和覆盖。

我最喜欢臀裤的一个特点是它的前后腰都有一个往下的弧度，前腰弧度通常更大，后腰也正好在臀围的测量点上或者以下，因此比经典短裤穿上后的感觉要轻盈许多。如果是喜爱运动的女性，特别是腹部较平坦的女性，穿上它应该都会感觉特别舒服。即使腹部不够平坦，穿上这款内裤也会立刻感觉轻便许多。

有的臀裤有前后中缝，尽管它有时看上去的确更漂亮，但如果布料的弹力不够强，会很容易出现夹沟现象，造成不适。所以，尽量不要买有后中缝的臀裤。

平角裤

这是仿男孩短裤款式的女式内裤，但比男孩短裤款式有魅力得多。

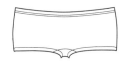

有些款式则会特意采用男式内裤元素作为装饰，如前开气效果。

此款内裤侧翼通常很长，能包裹住整个臀部，腿部开口很低，常与大腿根齐平。针对不同年龄，分为标准腰和低腰。年纪大的女性推荐选择标准腰款式，年轻女性则更适合低腰甚至超低腰。

这一款最受二三十岁左右年轻女性喜爱，因为它特别能突出年轻身体的圆润和丰满。

T字裤

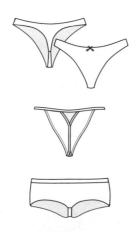

又称丁字裤，将臀部完全暴露，是避免"内裤痕"的最佳款式。

后部有较多布料的为普通T字裤；只有小块三角布料或完全无布料的，称为"T带裤"或"G带裤"。

另有一种"男孩式T字裤"：看起来像平角裤，实际上是T字裤的形式。

这些款式还会有更细的分类，比如分低腰或高腰等。每个季度设计师都会在这几类基本款式上做文章，用不同面料和辅料做出更复杂的设计。不过，样式虽然纷繁，但万变却不离其宗，仔细看不难发现，其实仍是这几个基本款式。

Q23. 是否有100%纯棉弹力内裤？

有，但现在越来越少。

纯棉虽好，不过100%棉的回弹能力比较差，穿不了几回就可能松垮。因此，市面上的棉质内裤通常会混和3%～12%不等的弹性纤维，比如氨纶。在这个比例范围内，弹性纤维的占比越高，内裤的弹性幅度也就越大，无论是舒适度还是亲肤度都会更好。

那么如何判断是否有足够弹性呢？方法很简单，看成分标签上是否有氨纶含量。也可以在选购时往横向和纵向都拉一拉，如果松手以后能迅速恢复原状，就意味着弹性足够，而只有弹性到达一定程度才足以满足我们身体的活动幅度。有些内裤刚穿上时很舒服，但很快就会挤入股沟，不能安全地包裹住臀部，越穿越难受，这就是弹性不够的原因所致。

现在，使用混纺高弹纤维的棉做内裤面料已经是大多数内衣公司的普遍做法了。只不过这些弹性纤维有些是化纤的，有些则是天然的，价格上自然会有所表现。因此，如果条件允许，建议大家尽量不要购买过于便宜的棉质内裤。

Q24. 如何识别内裤成分标识里的弹性纤维？

内裤的水洗标上，通常会标明材质的成分。除了棉，还经常会有几个我们可能完全不了解的名词。其实它们大多是弹性纤维，是增加内裤弹力的混纺材质。经常见到的弹性纤维名称有以下几种：

尼龙

尼龙是美国杰出的科学家卡罗瑟斯及其领导下的一个科研小组研制出来的，是世界上出现的第一种合成纤维。

尼龙以高柔韧性和回弹性著称；便于洗涤，干得快，不起皱，无须熨烫；不缩水也不伸缩，因此总能保持形态。尼龙纤维有丝的光泽，拉张力比羊毛、丝绸、人造丝或棉都高，能经受上万次折挠而不断裂。

用尼龙织成的面料一经问世，就受到内衣设计者的关注。在尼龙出现前，内裤几乎都是用白麻做的，宽松不贴身；尼龙造就了第一款紧身内裤，开始所谓"第二肌肤"的概念，能够充分表现女性的身体曲线。

但尼龙的耐热性和耐光性较差，吸湿性和染色性也不佳，因此现在内裤中单独使用尼龙纤维的并不多，更常见的是尼龙与粘胶纤维结合的面料，能让布料本身分量变轻，透气性更好，并仍能有优良的耐久性和更好的染色性。

粘胶纤维

纤维素从木头中提炼，特点是柔软，悬垂感好，光泽度高。

氨纶

氨纶的英文在美国是Spandex，美国以外称Elastane。

一种用聚氨基甲酸脂制作的合成纤维，以弹力强、分量轻著称。不仅结实耐磨，而且不吸水、不吸油。对于对乳胶成分过敏的人来说是最好的替代品。1959年由杜邦公司研发，它为合身内衣带来了革命性的变化，让内衣在可以支撑和塑造身体的同时，以高弹性适应各种运动，因此不再需要另外的紧系。

而氨纶最著名的商标是美国英威达公司出品的莱卡。

莱卡

莱卡是美国杜邦公司推出的新型纤维，这种材料被誉为"内衣的天使"，其弹性比尼龙更好，与其他天然或人造纤维混纺后，弹性长度高达七倍，回弹状态完美，具有极好的伸缩性和舒适度，更能满足女性运动时的需求。

Supplex®

由美国杜邦公司制造。是像棉一样柔软的尼龙，虽然是人工布料，却有着棉的外观。轻，易干，结实。通常用Supplex®制作的内裤价格较贵。

Tactel®

美国杜邦公司出产的一种尼龙纤维。比尼龙更柔软、更有丝光度，通常表面有皱纹。轻，易干。价格比尼龙贵。

Q25. 底裆的衬布为什么一定要是纯棉的？

选择内裤时，无论其主材质是否含棉，即使是莫代尔棉或竹纤维棉，底裆内衬的材质都一定要选择100%纯棉的。女性最隐秘的部位相当敏感，各种病菌极易侵入，任何纯棉以外的布料都有可能引起过敏反应，低级廉价的化纤材质更是容易滋生病菌的温床。

别小看这么一块不起眼的布料，如果材质不当，它会引起各种炎症，直接影响健康。因此在选购内裤时，女性朋友一定要注意查看。

Q26. 内裤有哪些不常见的时尚款？

巴西式内裤

正面看类似普通比基尼或低腰内裤，背面暴露部分臀部，比丁字裤暴露得少，比普通内裤暴露得多。

法式内裤

通常使用宽度为5～7英寸的蕾丝整体制作而成，侧翼的宽度即为蕾丝宽度，没有侧缝，暴露少许臀位底部，故又称"Cheeky"。"Cheeky"一词，原意脸蛋，意会成"半个屁股"。

热裤

缘自早年踢踏舞女热裤，故名为"Tap Pants"。通常使用蕾丝、弹性真丝或缎面料，是非常甜美、非常女性化的一款内裤。

Q27. 从制作工艺看，内裤有哪些分类？

现在主要有车缝和贴合两种工艺。

车缝，是一种传统的缝制工艺，顾名思义，要用缝纫机缝制。这种工艺制成的内裤表面可以看见缝线。通常需要多种缝纫机，比如平车、拷边车、人字车等，才能完成一条内裤的缝合。几乎所有面料都可以车缝，大部分面料需要拷边或卷边处理，因此会有一定厚度。

贴合，也就是我们常说的"无痕"工艺，内裤边缘用镭射刀剪裁，主要接缝处用胶通过高温粘合起来，表面没有缝线、针脚、包边，因此光滑、平整。但不是所有面料都适合这种工艺，必须未经过柔光处理才可以拿来贴合，也就是说布料的表面要有一定的粗糙才能更好地粘合上。现在市面上也出现了"随心裁"面料，即不卷边、不豁边的面料，是理想的贴合材质。

贴合内裤毫无勒束感，穿着无压迫感，因此受到越来越多的人喜欢。

Q28. 购买"无痕"内裤时需要注意什么？

所谓"内裤痕"，指的是在外衣下能看到内裤的轮廓痕迹。一般来说，在欧美文化里，暴露内裤痕就像暴露隐私一样被视为不雅行为，尽可能地不显示它是基本礼貌。另一方面，从穿长裙或长裤的效果来看，内裤无痕也肯定会让外观看起来更为流畅美妙。

现代内裤从"第二肌肤"到"第一肌肤"的不断发展变化，从技术上讲，可以说都是尽可能消除"内裤痕"的过程。每一次使用材料、款式风格、制作工艺变化的目的，其实都是如何让内裤更加"无痕"。因此我们在选购内裤的时候，也一定要特别留意这个问题。

能制作贴合款内裤的面料大多有很强的伸缩性，穿一定时间后很容易松懈变大，所以在购买时，可以买偏小一号。

另外，如果是"随心裁"面料做的内裤，因为脚口不用贴边，也不上橡筋，弹力其实是不够的。如果做成三角裤或比基尼款，很容易造成夹沟现象。因此，购买"随心裁"面料的内裤最好买平角裤款。

Q29. 怎样才算是合适的内裤？

如果发现内裤发生扭动、团皱，或简单讲，不能裹住臀部不动，说明你选择的内裤尺码过大了。

现在市场上的内裤大多使用混有弹性纤维的布料，弹力足够应付我们身体的运动幅度，所以，尺码合适的内裤，前后应平滑地贴在皮肤上，不应有多余的空隙；而且应该感觉松紧适中，不应有勒束感；在外裤或裙下不应看到内裤的起皱和堆积。

如果感觉腰部松紧带过紧或是勒进了皮肤，甚至让你的腰部两侧曲线出现层叠状，或脱下内裤后皮肤上留下勒痕，这些都说明你的内裤尺码过小了。如果裤脚的橡筋造成同样的问题，也是因为内裤过小。

Q30. 你应该有哪些颜色的内裤？

一个女人的内裤抽屉里可以有各种自己喜欢的颜色，特别是流行颜色，但有三个基本颜色不可或缺：裸色、黑色、白色。

裸色

因为是最接近肌肤的颜色，几乎可以搭配所有颜色的裤装或裙装，被称为内裤百搭色，它应该是你抽屉里最多的颜色。如果你不想动脑筋考虑内裤与文胸、内裤与外裤或裙子的颜色搭配，那么多买几条裸色内裤肯定没错。

我们在选购内裤时一定要选择最接近自己肤色的那个颜色，或者稍微深一点，切记不要浅于自己的肤色。

黑色

内衣里最神秘的颜色，也是最长销和畅销的颜色。黄种人的大部分肤色都可以穿黑色，如果黑得足够纯正，也就是说足够黑，则更容易产生高级感。

白色

纯正的白色被认为是最纯洁、最天真的颜色，如果白得纯正，我认为也是最性感的颜色。

（流行色）

时尚色即当季流行色。

我们内衣设计师在做一个季度的设计时，一般一个款式会做几个基本色，再搭配一两款流行色。你可以根据喜好选择自己想要的流行色。

Q31. 内裤要与文胸成套购买吗？

市面上有很多文胸与内裤的套装，至少在做展示时，喜欢放在一起配套展示，设计师做设计时也会做套装设计。而且据说女孩子穿成套内衣"撩汉"的成功率会更高。不过，我个人并不赞成一定要购买这种搭配好的套装，至少不会拘泥于此。

况且我们的内衣抽屉里，内裤的数量比文胸多很多，比例至少是2∶1或者3∶1。所以，一款文胸至少搭配两款内裤。那么，如何搭配或搭配出特别的效果，选择权完全在你自己。

搭配时通常将相同材质搭配在一起，颜色倒是需要多费些心思。黑色和裸色都是百搭色，互相搭配总会有特别效果，比如黑色蕾丝文胸搭配裸色蕾丝内裤。

Q32. 一个人应该有多少条内裤？

有专家建议说应该有14条，够两周穿。

这是一个最基础的数字，我个人觉得应该更多。

首先，因为内裤价格通常比文胸低很多，购买没有太大压力。其次，出于卫生考虑，更换频率也比文胸高。前面说过，一件文胸至少应该有两条内裤与之搭配，那就先数数你有多少件文胸吧。再者，内裤也有季节之分，尤其应该为夏季准备更多轻薄、凉爽的款式。

Q33. 生理期需要穿特殊的内裤吗？

很多女性在生理期都会有一个共同的烦恼：白天担心渗漏弄脏裤裙，连走路都小心翼翼；半夜担心侧漏弄脏床单，连侧翻都不敢。这个时候，女性就应该为自己选择一条舒适的生理内裤，给特殊时期的自己以特殊的关爱，让生理期更轻松、更健康。

生理内裤通常在底档和后部直接使用或增加一层防水面料做内衬，可防止经血的后漏和侧漏。即使沾上血污，污渍一般也不会渗入织物纤维内部，清洁起来十分容易。

防水面料主要有两种，一种是在普通面料表面涂上防渗涂层；另一种是防水膜贴合型，就是将一层物理防水高分子塑料膜与普通的纺织基料严密地黏合在一起。从外观上看，这两种生理内裤没有太大差别，可手感明显不同。第一种涂层型较厚，但比较柔软，其防渗部位的手感与其他部位基本一致；第二种较薄，仔细触摸有细微的"沙沙"声。总体来说，现在市面上的生理内裤透气性都比前些年有明显进步，但防水膜贴合型还是更好，即使在天气闷热的盛夏穿着也无不适感。

生理内裤虽然出现时间不长，但设计人员在选料及裁剪上都下了很多功夫，且考虑越来越周全，市场上已经有不少设计相当合理的生理内裤，既有普通的三角裤、平角裤，也有束腹提臀型的生理裤，女性朋友可以大胆选择。

但防水面料终归透气性欠佳，非生理期不建议穿。

Q34. 市面上的一次性内裤可以购买吗？

一次性内裤通常是为旅行、外出过夜或临时需要时携带方便而制作的，价格比较低廉，用完即可扔掉。一次性内裤有布质也有纸质的。如果是购买一次性布质内裤，最好要确认这个内裤是否经过消毒，是否为真空包装，这样拆包即可穿上，否则会有安全隐患。而且无论多么廉价，裆部仍然要是棉质的。

Q35.

为什么国内市场上很少有纯白色内裤？

　　的确，我们在国内市场上很难找到纯白色内裤，因为我们在做设计生产时就被品牌方要求不能有纯白色。这是为什么呢？

　　因为纯白色在染色时都添加了"荧光剂"（俗称"增白剂"），而现在很多人闻此剂即色变。

　　荧光剂是一种含有复杂有机化合成分的荧光染料，它的作用是提高产品在日光下的白度，布料在肉眼看时会感觉很白、很干净。荧光剂曾经被广泛应用在纺织、造纸等很多方面，但现在国内对于是否应该使用它存在比较大的争议。比较普遍的说法是荧光剂可透过肌肤被吸收进人体内，进入人体后不容易被分解，可在人体内蓄积，大大削弱人体免疫力；或者，荧光剂与伤口外的蛋白质结合，会阻碍伤口的愈合；再或者，荧光剂会让人体细胞出现变异性倾向，其毒性累积在肝脏或其他重要器官，会成为潜在的致癌因素。

　　这样的说法是否有科学依据？

　　其实，科学家们早已经用各种实验和研究证明

Column

它们基本是无稽之谈，荧光本身就普遍存在于自然界中，也存在于各种动物体内。自然界有很多东西，在剂量正常使用下都是安全的。欧美市场上就一直有使用荧光剂增白染色的纯白色内衣。那为什么国内没有呢？大概因为适量使用与超量使用很难被控制，有些厂商为了达到增白目的，不顾剂量，大量使用，从而造成危害；或者把漂白剂跟其他结构相似的毒性化学物质搞混了；又或者跟产品内同时含有的香料或防腐剂所造成的反应搞混了。总之，为了防止意外发生，国内基本已全面禁止增白剂在纺织业的使用。因此，我们可以选择的内衣就只有本白色了。

关于睡衣与家居服

Q36. 你会穿着睡衣睡觉吗？

有的人不穿睡衣会睡不着，有的人则相反，穿了反而会睡不着。穿不穿睡衣更多是一种习惯，而我觉得每个人都应该养成这个习惯。这是为什么呢？

保暖

睡衣最早的功能是为保暖。怕冷的确是很多人选择穿睡衣的原因。不过，并非寒冷的时候或地方才需要保暖，女性的腹部相当敏感和脆弱，即使夏季也有可能受凉，况且大多时候是在有空调的环境里。女性受寒，可能年轻时或短时间里看不出什么问题，但随着年龄的增长，因为受寒而埋下的病根就会一点点显现出来，最后成为不可治疗的慢性疾病。因此，年轻时的一件小睡裙将腹部稍稍遮盖，就能起到保护自己的作用，还能让睡眠更安稳，也更有利于个人健康。

卫生

人体在睡觉时会有各种分泌物，尤其可能出汗。如果不穿
睡衣，可能每天都要更换床单和被罩。相比于洗涤后者，一件
睡衣换起来要方便得多。

特殊环境的必需品

即使我们在自己家里愿意选择裸睡，可是仍有一些场合不
穿睡衣是绝对不行的。比如，当你到别人家留宿或住在学校宿
舍时。

Q37. 睡衣有哪些常见款式？

分体式套装

分体式套装，英文名称"Pajamas"，简称PJ，即上下分身
的睡衣。常见有西装式，包括一件开身系扣上衣和一条裤子，
样子很像男式西装，通常设计简单，没有过多装饰。采用中式
立领的中式套装睡衣也很常见。

女性西装式睡衣套装的出现颇具戏剧性。1934年，好莱坞
电影《一夜情》里，女主角艾丽·安德鲁斯从家里逃跑，遇到
克拉克·盖博，两人被迫在一家汽车旅店共度一夜，艾丽借穿

了后者的男式睡衣套装。没想到，从此开启了这一睡衣款式在女性睡衣市场的流行。

　　一般来说，套装睡衣的上衣和裤子在整体花色及款式设计上是相配的，通常在领口、袖口和裤管口做些特别的设计处理，让看上去朴实无华的睡衣多一份活泼气息。现在也有和情侣对换上衣或下衣的穿法，看上去更为俏皮。

睡裙

　　吊带或带袖的短裙或长裙，通常为直筒式。短睡裙长度常在膝盖上下，长睡裙有小腿及脚踝两种长度。睡裙的领口很多样，也有各种袖长等。

　　吊带式短睡裙多穿于夏季，带袖长裙多穿于冬季。

　　如果家中有客人，可以在睡裙外披件长袍或晨衣。

睡袍

起夜时或在起居室活动时通常穿在睡裙外面的衣服，有长袍和短袍之分。

和式睡袍也是长睡袍里的一种，现在已是西方内衣十分流行的一个品类。它效仿日本和服式样，有宽大的袖子，开襟用腰带系住，通常会有漂亮的印花图案，被认为是睡衣里的性感款式。

浴袍是浴后穿的衣物，与睡袍的样式没有太大差别，可能会使用更为吸水的材质，比如毛巾布。

Q38. 什么是衬裙式睡衣？

英文是"Slip"，直译为"衬裙"，字面上是指穿在外衣裙装下的裙子。不过，到了现代内衣概念里，"Slip"可绝不仅仅是一件衬裙那么简单了。

这种衬裙睡衣有几个主要特点：丝绸制作、V领斜裁和细肩带。有长短之分，长度可在长过脚踝与膝盖上下之间。

在女性内衣越穿越少的今天，虽然衬裙睡衣保留着遮掩女性全身的传统，可丝绸布料因为斜裁，会有特别自然随身的效果，也最充分显现了女性的身体曲线。这大概是它最独特的魅力所在。它不像文胸那么张扬，诱感得很含蓄。衬裙睡衣暴露得并不多，不过一个侧缝的开衩又足以露出一点点大腿；总是在胸口点缀的蕾丝花边，若隐若现地露出一片雪白的肌肤；如果蕾丝花边点缀全身，则又是另一番风情。而最迷人的可能还在于一件斜裁式睡裙只靠两根细带挂在肩头，只需被人轻轻一拨，就可以从香肩滑落，露出女性美丽的身体。还有什么比这种直截了当的挑逗更撩动人心的呢？

因此，和成衣界的"小黑裙"一样，衬裙睡衣可谓是"出得了厅堂，入得了洞房"，可俗可雅，需要实用时最实用，需要性感时又极尽诱惑之能事。既可以穿给自己，也更适合穿给伴侣，因此这款睡裙也最常出现在电影中火热性感的场面里。

这也是我自己最喜欢的睡衣款式。

Q39. 什么是娃娃式睡裙？

娃娃式睡裙是我在卧室里穿得最多的一个款式，它陪我度过了很多个熟睡或辗转无眠的深夜。它也是我独自在家时穿得最多的款式，无论是生病时蜷缩在暖洋洋的卧室里看书，还是心事寂寥时躺在阳光透不进来的客厅沙发上看电影，只要穿上它，就像是回到了年轻甚至年少的时候，无忧无虑，身心轻快，好奇心大发，所有的感觉神经都张开来，任由自己懒洋洋地做一个不谙世事、简单甚至愚蠢的人。

睡衣从根本上说就不是一种简单的衣物，而娃娃式睡裙尤其不是。它之所以能让我拥有上述这些感觉，是因为它的前世正是成熟身体里一直存在的一份少女的天真。

　　娃娃式睡裙，英文即"Babydoll"，是一种宽松、无袖、长度在肚脐到大腿根之间的短睡裙。领口低、腰际线高，常装饰有蕾丝、荷叶边、花菜边、蝴蝶结、缎带等。通常会搭配一条有相同设计元素的内裤。

　　这款睡裙因1956年由田纳西·威廉姆斯编剧的电影《宝贝儿（Baby Doll）》而风靡。

　　影片的主人公"宝贝儿"是个芳龄十九的年轻女子，虽已结婚两年，却固执地不愿与丈夫圆房，后来被丈夫的商业对手、一位有魅力的男人勾引，才终于唤醒身体里对异性的"性"趣以及毁灭男性的智慧和力量。

　　宝贝儿出场的第一个镜头是睡在一张婴儿床里，吮着手指，身上穿着一条蓬蓬小内裤和一条像女童裙的超短睡裙。这款睡裙就是今天我们所说的"娃娃式小睡裙"，也就是用女主人公名字命名的"Babydoll"。

　　用"Babydoll"命名这款睡裙不一定始自这部电影，不过这部电影却让它声名大噪。

　　电影是把这个宝贝儿当正面人物写的，但在当时的时代背景下，其道德倾向和性倾向都与社会主流观念产生冲突，一度被取消放映。然而，这款可爱的娃娃小睡裙却很快风靡起来，而且出乎意料地，不单单受到少女的喜爱，还受到众多成年女性的追捧。大概每一个女人，无论年龄，都希望自己既能拥有成年女性的性感，灵魂里又能住着天真的幼稚少女吧。

Q40. 睡衣该选棉质的，还是丝质的？

睡衣的常见面料主要是棉与丝绸（或仿丝绸）。

两者比较起来，市场上丝质睡衣的数量似乎更多。但其实真丝面料因为成本高，只有高端品牌才有可能使用，普通品牌大多使用的是仿真丝面料。常见的真丝面料有缎、雪纺、提花缎和单面丝针织等；仿丝绸常见面料有仿缎和人造丝等。

棉也是常见的睡衣材质，有针织棉和梭织棉之分，两者的区别是前者有弹性，后者没有。

针织棉是弹性纤维出现以后才有的面料，却后来居上，现在是睡衣市场的主力军。它能随季节变化而有薄厚过渡，而且品类十分丰富，比如有单面针织物、双面针织物、螺纹织物、双螺纹针织物、莫代尔、竹纤维棉等。

棉当然也有好坏。坏的棉，干涩、粗糙、硬刮；好的棉，爽滑、凉、软、沉，手感上丝毫不输丝绸。

如果有人问我会选择什么质地的睡衣入睡，我一定会说："棉，当然是棉。"因为棉有更好的体温适应性，冬暖夏凉，而且在躺下时更随体，穿着睡觉会更舒服、更自在。

Q41. 想购买高级的棉质睡衣，应该选哪种成分的棉？

精梳棉、埃及棉、匹马棉、丝光棉。这四种棉均被认为是顶级棉质，只有高端内衣品牌才有可能使用。如果想选择高级的棉质睡衣，可以从这四种棉中挑选。

Q42. 睡衣的颜色对睡眠有影响吗？

根据科学研究，颜色对于睡眠有明显影响。比如，浅色有助于睡眠，过于鲜艳的颜色则会刺激大脑皮层兴奋。因此设计师们在设计睡衣时，通常不会让颜色过于艳丽、图案过于复杂，而是尽量选取浅淡的暖色系，比如淡粉、淡蓝、象牙白等。印花图案也要温柔、和美，常见的图案有淡雅的花、可爱的动物以及简单的几何图案，如条纹、波尔卡圆点、方格等。这些图案都会让人精神放松，有助于睡眠。

Q43. 回到家一定要换上家居服吗？

穿家居服首先是出于卫生的考虑，这一点已无须多说。室外环境污染越来越严重，我们要保护自己和家人，就需要确立明确的室外与室内的分界，回家换上家居服就是行动之一。

另外，走进家门换上家居服的一瞬间，还会给我们一种明确的心理暗示：我已从纷纷扰扰的外部世界回到了家，回到了属于自己的私人空间。每次到家换上家居服，我都会油然而生一种胜利感，而款式漂亮、质地优良的家居服就像是对这种胜利最实在的奖励。

服装不仅能反映人们的生活方式，也会对人的情感产生作用，就像一件美丽的睡衣可以帮助我们更快地进入睡眠状态一样，一件宽松舒适的家居服也可以让我们马上感受到回到家的放松感，并且表达出"我不再想出门了""我愿意待在家里"的态度。

Q44. 常见的家居服都有哪些款式，和睡衣有什么不同？

帽衫外罩、套头衫、T恤衫、亨利领裙装、短裤与长裤、睡袍等都是比较常见的家居服。

那家居服和睡衣有什么不同呢？

面料

睡衣的面料可以很轻、很薄，甚至可以透；虽然有不少是有弹性的，但不是必须。

家居服不会透，会相对厚一些，但又不像外衣那么厚，为方便起居，一般都会带点弹性。

颜色

睡衣多为浅色，但家居服的颜色既可以浅淡、温柔，也可以深一些，如咖啡色、藏蓝色，甚至还有黑色。

裁剪

睡衣和家居服的款式有不少重叠，比如背心、短裤、长裤等。从裁剪上说，睡衣通常是直腰身，甚至是放腰，越宽松越好。家居服则多少会有些腰部设计，带弹性的面料往往也会很自然地显露身体曲线。

家居服要便于活动，出入方便，因此多为背心，衣裤套装，裙装较少。

家居服一直颇受休闲衣、运动衣和街衣潮流的影响。运动衣风格的家居服，尤其是瑜伽服也一直是家居服里的主要角色。

Q45. 你的家居服不会只有男朋友的 大T恤吧？

常听女性朋友说："为什么还要买专门的家居服呢？套一件男朋友或老公穿剩的大T恤不就可以了吗？"

这当然没有错，起码比起回到家还穿着外衣要好。大T恤可能的确是很多人的家居选择，因为它通常是棉质的，宽松又舒服。

不过，男朋友的大T恤不能是你唯一的家居服，不能从一进家门就套上它，穿着它吃饭看电视，穿着它睡觉，直到第二天早上要出门上班才换下来；更不能整个周末48个小时都不离身。

因为大T恤再好，它也无法表现女性特有的曲线美，穿久了，或许会让你忘掉自己是一个女人。

因此，如果你的衣橱里只有男朋友的大T恤，我建议你还是赶紧去买新的家居服吧。

关于调整型内衣

Q46. 什么是调整型内衣？

调整型内衣又名重机能内衣，也就是我们常说的"塑身衣"或"体雕衣"，是现代内衣工业根据医学、美学、人体工学和专业内衣设计所研发出来的一种新型内衣种类。它的出现与尼龙等弹性纤维的出现密不可分，并跟随内衣材料的一次次革新而一步一步发展成熟起来。调整型内衣的原理是运用弹性材质、利用身体的自然运动而将多余的脂肪燃烧消耗一部分，再分别加压、推移脂肪至乳房和臀部，就是说让该瘦的地方瘦，该胖的地方胖，从而修饰出完美的身体曲线。

现代调整型内衣发展迅猛，在款式上除了关注到女性的胸部，也关注到她们身体的其他部位，比如腰、腹、大腿、小腿、手臂等。可以这么说，身体的每个部位都有了相对应的塑身衣，整个女性躯干上已经没有哪个部位是它不能调整到的了。

比如，它们可以让乳沟更深，胸部更挺括，腰更细，腹部更平坦，臀部更丰满，大腿更紧实，小腿更纤细等。

Q47. 调整型内衣有哪些款式？

简单概括地说，有以下五种：

调整型文胸

用来修饰胸部曲线，防止乳房外扩、下垂，使胸部丰挺，呈现迷人乳沟。

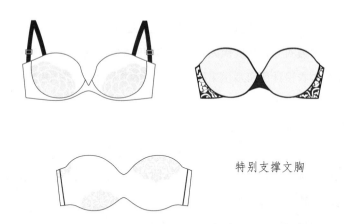

特别支撑文胸

它根据脂肪移动原理来设计，通常在普通文胸的基础上，增加侧比位的宽度和鸡心位的高度，增加收腋下、副乳等功能，背部采用U型剪裁以防肩带下滑。

通常讲究包容度，常见全罩杯，1/2 罩杯和 3/4 罩杯则比较
少见。

　束腰

束腰可拉高腰部位置，控制胃、腹部脂肪的囤积，制造出
优美的腰部曲线。

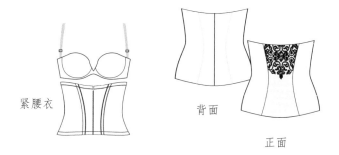

紧腰衣

背面

正面

　束裤

用来抬高并制造出浑圆的臀形，同时可抑制腹部突出。长
型束裤还能包裹大腿赘肉，修饰臀部及大腿的曲线。

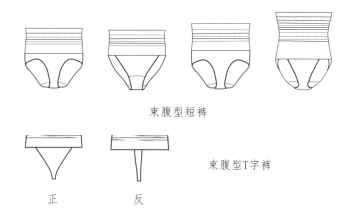

束腹型短裤

束腹型T字裤

正　　　　反

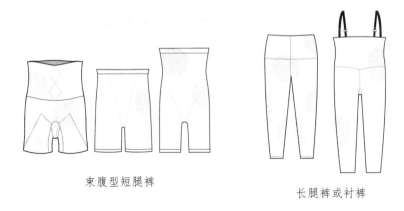

束腹型短腿裤

长腿裤或衬裤

束胸衣

这种内衣可同时调整胸部、腰部和腹部的曲线，穿起来稳定性好，不易松动。

束胸衣

正面

背面

塑身衣

从胸部到臀部连身包起，除雕塑各部位曲线外还可防止驼背，矫正姿势。

塑身衣

欧美市场上的调整型内衣要丰富很多，除了以上五种外还分出更细的品类，上半身有背心、胸衣，下半身有抬臀内裤、短腿裤、半身衬裙等款式。

背心

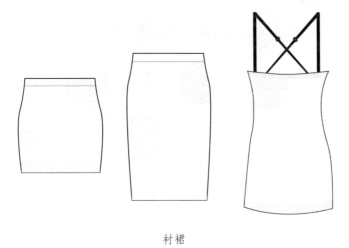

衬裙

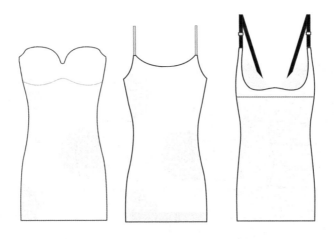

全身衬裙

Q48. 调整型内衣有哪些常见面料？

在购买调整型内衣前，先让我们来了解下它所使用的布料。太空纤维、莱卡纤维、锦氨等代表了不同的舒适性，也就是不同的弹力度，我们要在购买前对材料多一些了解，以便买到更适合自己塑形要求的内衣。

现在调整型内衣的款式越来越好看，也越来越时尚，很多带有精美的镂空、浮花、提花图案，大多平滑得像丝绸一样。从设计角度讲，为了让身体感觉舒服，这类内衣现已基本采用筒机针织面料，这种面料让内衣实现了无接缝技术，使其在外衣下面更为平滑。调整型内衣现也基本不使用各种辅料零件，比如系带、拉锁、滑环、纽扣等。大部分调整型内衣完全靠布料和辅料本身的弹力调节松紧。

调整型内衣经常使用的面料有如下五大类：

氨纶

一种用聚氨基甲酸脂制作的合成纤维。分量轻，弹性强，结实，经磨，不吸水和油，是对乳胶成分过敏的人最好的替代品。

尼龙

完全是合成纤维，以高柔韧性和同弹性著称。尼龙布料干得快，自然没有缩水和皱褶的问题。尼龙是真正第一种商业化的合成纤维。尼龙纤维有丝的光泽，拉张力比羊毛、丝绸、人造丝和棉都高。尼龙便于洗涤，干得快，无须熨烫，因为不缩水也不伸缩，因此总能保持形态。

莱卡

氨纶弹性纤维的一个著名品牌。

Supplex®

Supplex®是由美国杜邦公司研制开发的一种尼龙面料。它的手感像棉一样细腻、柔软，虽然是人工布料，却有着棉的外观。轻，透气性强，易干，结实，特别适合做夏季贴身衣物面料。

Tactel®

是美国杜邦公司生产的一种高品质的尼龙，化学名称为"聚酰胺纤维"。Tactel®比一般尼龙触感更柔软，透气性更佳，穿着贴身更舒适。用Tactel®制成的织物抗皱，面料有丝般的光泽，衣物日日如新。

Q49. 调整型内衣面料里的氨纶起什么作用？

调整型内衣通常都含有一定百分比的"氨纶"，其与主弹力面料的含量比例多少是决定塑身效果强弱的决定性因素。这个比例通常在5%~39%之间，氨纶的含量越高，其支撑度、压缩力和控制力就越强。目前，调整型内衣市场的塑身强度等级有三档，它们的名称及功能特点如下：

高强度

功能：可以使腹部略平，腰部略瘦，臀部略小，能帮助你穿进比平时小一到两号尺码的衣服。

布料特点：手感厚重，十分紧实，拉伸困难，穿脱不易。氨纶含量在40%左右。

适合体型：身材偏胖的女性。

中强度

功能：可以帮助紧致肌肉，但不能让你穿进比平时尺码小的衣服。

布料特点：爽滑，分量适中，拉伸自如。氨纶含量在20%左右。

适合体型：身材适中的女性。

弱强度

功能：可以使你的肌肤均匀平滑，但不会重塑体型。

布料特点：通常薄软、轻滑，可以轻易拉伸。氨纶含量在10%左右。

适合体型：身材纤细的女性。

Q50. 购买调整型内衣，为什么要注意面料的弹性方向？

购买调整型内衣时要特别留意面料的弹性方向，因为有的面料是双面弹，也就是只有180度左右的弹性，没有上下的弹性；有的是四面弹，即上下、左右360度都有弹性。

由于肌肉的运动力以上下较大，如果调整型内衣只有左右的弹力，穿起来便会感觉伸展空间不够，身体会不自在。

因此，购买调整型内衣时，一定要注意面料的弹性方向。

Q51. 选购调整型内衣还有哪些其他注意事项？

颜色

这类内衣最常见裸色和黑色。这是两个可以满足大部分需求的颜色。

市场上也会有浅色，如白色、象牙色，但因为调整型内衣通常都使用带有亮光的布料，浅色尤其白色若穿在浅色外衣下，会发生反光，因此浅色外衣下还是应选择与肌肤颜色接近的裸色。

尺码

选择调整型内衣时应选择与自己实际尺码相符的尺码。

有些人以为选择比自己实际尺码小一到两码的塑身衣，会让自己看起来更瘦。但实际上，我们在设计塑身衣时，已经替你做了这样的考虑。所以，你只需按照自己的实际尺码购买就可以了。如果觉得塑身效果不够，可以选择弹力强度更高一级的款式。

试穿

虽然试穿在内衣店不是很受欢迎的事情，但多数内衣店还是提供了这种服务，不过大多要求穿着自己的内裤试穿。因此，如果去买调整型内衣，最好穿比较简单的比基尼或丁字内裤，这样更容易推测塑身衣的尺码是否合适。

试穿上身以后最需要注意的是调整型内衣的边缘。虽然这类内衣实际上只是藏肉或巧妙地转移脂肪，但不能让其表现出来。也就是说，如果穿上调整型内衣后能立刻看出你腹部的脂肪被推到腰上了，这件内衣就不合适。调整型内衣的最好效果是让全身线条平滑流畅。

连体衣的开档

选购连体衣时，一定要选择有开档设计的，方便起居。以前开档多使用双排钩眼扣，但这种扣过于硬挺，容易造成敏感部位不适，所以现在设计师都已尽量避免使用这种开档方式。不过有些款式无法找到其他更合适的开档替代方法，仍只能使用钩眼扣，这就需要我们在购买试穿时特别留意查看它的做工。

强度很大的塑身裤，因为穿脱比较困难，设计师也会做开档处理。我们在选购时不妨多加留意。

档部棉衬

无论是调整型长裤还是连体衣，档部通常会有一层衬里。要选择棉质地的衬里。

Q52. 只有丰满的女性需要穿调整型内衣吗？

当然不是，调整型内衣是每个女人的必备品。

调整型内衣的主要客户看似是丰满女性，其实不然，即使削瘦扁平的人也应该在衣橱里备上几件。

原因是即使坚持运动、科学膳食，人类受遗传基因影响还是会有不理想的体型，比如某些地域的女性臂膀特别容易粗壮，某些地方或家族的女性有更多的肩窄胯宽的梨型身材等。而随着年龄的增长，女性身体各部位终究会出现松弛、下垂以及脂肪分布不均的现象，即使身材娇小也不例外。年纪越大，这样的现象就越明显，且越难以控制。这些都需要调整型内衣加以修正和改善。

通常情况下，正视这些衰老现象并接受它们的确是积极的生活态度；不过，在一些特别需要身体表现完美的紧急情况下，调整型内衣是可以快速应急的唯一方法。

即使是很瘦的人，这种内衣也可以帮助她们将腋下、后背、小腹的脂肪集中包裹到胸部，将大腿根部、外侧的脂肪上提固定在臀部，把扁平身材打造得玲珑有致。

而且，如今的调整型内衣材质比以前丰富了很多，早已不局限于勒束身体、减小尺码等单一功能上，而是可以像化妆品一样"美容"肌肉。无论什么样的身材，对美的追求都永无止境。

Q53. 只有女明星需要穿调整型内衣吗？

当然不是！

女明星的确是调整型内衣的示范榜样，也是高端客户。当她们走上红毯时，身体一律紧致饱满、凹凸有致，不是她们天生比我们不受年龄的摧残，或是做了多少特殊的运动训练，而是她们都穿了调整型内衣，穿的可能是比我们更昂贵，也更合适她们的身体和外衣的调整型内衣，以达成了那种光彩四射的完美效果。普通人自然也有这样的愿望。在稍微特殊一些的场合，穿上调整型内衣也肯定会让我们的心更为踏实无虞。

除了特殊场合，女性对塑身也有了更多需求，这跟如今的着衣风格有很大关系，因为需要穿合体衣服的场合越来越多。上班需穿修身正装，下班偶尔需要跟同事或合作伙伴喝杯酒、吃顿饭，通常也都要穿能够显示身材的裙装。一般的日内衣，比如基础文胸和内裤，无法帮你实现"完美"或"体型更好"的效果。比如身穿一条昂贵的丝绸长裙却不幸露出令人难堪的肚腩时，或者穿着性感的薄纱鸡尾酒裙，对面的人却能隐约看见你腋下起伏的脂肪群时——你唯一可以快速求助的，只能是一条长款束腹衣。而它也的确不负众望，可以立刻让你感觉到不同：腹部平坦了一些，腰细了一些，臀部窄了也提高了一些，大腿和小腿都紧实了一些。上述这些"一些"，可以是一个尺码，甚至是三四个尺码。

Q54. 调整型内衣真的能让你变瘦吗？

现代女性对调整型内衣的普遍希望其实是让身体变得苗条。但这种内衣真能帮助我们达成这一愿望吗？我的回答是否定的。

一个例证：调整型内衣虽然在近二三十年迅猛发展，可欧美市场上调整型内衣的尺码并没有变小，反而一再加大，现在竟已突破了DD。要是调整型内衣真的有用，它的尺码应该变得越来越小，不是吗？

2013年底和2014年上半年，美国曾有两家以设计制作调整型内衣闻名的内衣公司遭到用户起诉，原因都是不当宣传其调整型内衣有永久瘦身和塑形的功效。这两家公司都在其广告里宣称，他们在某些塑形款式上使用了新面料"Novarel瘦身微纤维"，这种纤维因为含有咖啡因而有消解脂肪的功效。起诉者认为，他们在穿了这几款调整型内衣后并没有看到这样的效果。这两场官司均以公司承认广告宣传与事实不符而结案。

那么，市场上常规的调整型内衣究竟能起到什么作用呢？

在我看来，它的确通过将身体某个部位的脂肪转移或压迫到了不想被你自己或其他人看见的地方，从而让你的体型发生了一些有利的变化，不过只是在相对短暂的时间内，比如一场酒会、一场颁奖典礼等。脱下调整型内衣后，如果没有发生其他的诱因，身体大多会回到原来的状态。

不过，市场上的确存在一些非常规的调整型内衣。这类内衣使用特殊的具有高科技含量的材质制作而成，通过长期穿戴确实能实现塑身功效。它们通常价格昂贵，多半高达1000美元左右，甚至更多。

因此，若想让身材达到理想的状态，还是要寻求更积极和实事求是的方法，比如调节饮食、有规律的锻炼，这是比吃减肥药或穿调整型内衣都更健康的方式。

关于运动内衣

Q55. 运动时一定要穿运动文胸吗？

答案是肯定的。

有些人可能认为："哦，不用，我是A罩杯，我不需要穿运动文胸。"

这绝对是错误的认识。即使是 A 罩杯的女性，在运动时，胸脯也会有 4 厘米左右的晃动幅度。乳房越大，晃动幅度就越大，G 罩杯女性在运动时乳房的晃动幅度可高达 14 厘米。14 厘米是什么概念？一部 iPhone 6 Plus 手机的长度！

女性乳房其实是人体少有的没有半点肌肉的器官，很不喜欢来回晃动。如果反复晃动又得不到特别的保护，它的韧带极其容易损伤。而胸部韧带一旦真的受伤，不但再也不能修复，也不能通过运动再得到加强。因此，即使在做不那么激烈的运动，比如爬山、慢跑时，也应该穿上合适的运动文胸，帮助降低胸脯的晃动幅度。

　　如果不穿，会出现什么结果？这其实是我最想在这里告诫各位女性朋友们的：如果胸腔连接胸脯的韧带长期得不到有力支撑，最终会造成乳房位置变化和最糟糕的情况——下垂。很多女性为下垂的问题而苦恼，其实一个简单易行的解决办法就是赶紧穿上有一定承托力的运动文胸。

Q56. 应该选择什么样的运动文胸？

样式传统的运动文胸

款式：不同的胸型应该挑选不同的设计款式

　　原则上讲，胸部较小的女性应选择压缩款式，通常是一片式，中间没有接缝。这种款式会让乳房扁平，只需让它们相互靠近一些就可以防止运动时的晃动。

　　胸部较大的女性应选择有分离式罩杯的款式，分离式罩杯通常有强化支撑功能元素，比如特别增加的针脚等，让两个乳房各自待在罩杯里以减少晃动幅度。

布料：不再有纯棉的运动文胸

用纯棉布制作的运动文胸现在已经很少了，因为纯棉吸汗能力太强，被汗水浸湿后会变得沉重；湿透以后紧贴在身上，既难看，又给运动造成不便。

如果在市场上见到样子很像运动文胸，可使用的是纯棉布料，那么即使再像运动文胸，它也一定只是借用运动文胸概念制作的普通基础文胸，不可能是真正的运动文胸。

真正的运动文胸，一定是使用有强吸水功能的化纤布料制成，而且还会根据不同运动的出汗量，使用不同吸汗强度的布料。

做工：不能对肌肤造成任何不适感

通常运动文胸都是使用双层以上布料制作，做工好的会特别注意内侧的接缝不会过硬或过厚，贴紧皮肤时不会让你有异物感。越是优质的运动文胸越应该让你意识不到它的存在，它就好像是你身体的一部分。

如果运动文胸上有拉锁或扣钩，应选择不直接接触皮肤的那种，以避免引发皮肤敏感或不适。

Q57. 为什么我们需要根据运动种类
选择运动文胸？

　　根据你的运动项目及爱好选择不同强度的运动文胸，是近年来出现的新理念。因为不同的运动项目，比如马拉松、普拉提或瑜伽，给胸部造成的晃动幅度和方向是不同的。

　　越来越多的运动文胸生产商注意到这一点，开始通过研究运动对身体的影响而研发针对不同运动种类的运动文胸，为爱好运动的女性提供更优质、更细致的选择。比如马拉松，乳房晃动方向是上下；而瑜伽则主要是胸部受到拉伸。

　　目前为止，市面上常见的运动文胸有三种不同支撑强度：轻度、中度和高度；每种强度再细分为低、中、高三种对胸脯的遮盖。支撑度和遮盖度经过各种排列组合后就能适应多种运动种类。总体说来，支撑度和遮盖度越高，适应的运动强度和出汗量也就越高。

　　例如：
　　低支撑度+低遮盖度：适合瑜伽；
　　低支撑度+中遮盖度：适合一般健身；
　　中支撑度+中遮盖度：适合一般性跑跳；
　　高支撑度+中遮盖度：适合长跑。

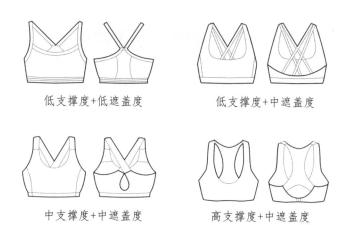

低支撑度+低遮盖度   低支撑度+中遮盖度

中支撑度+中遮盖度   高支撑度+中遮盖度

　　这样经过细分的运动文胸在价格上肯定比一般运动文胸要高，甚至高很多，不过对身体起到的保护作用不言而喻。我一直认为，在消费和我们身体有直接关系的物品时，不要过多地纠结于价格，因为身体本身就是你最大的金库。

关于特殊时期的内衣

Q58. 生理期需要穿特殊的文胸吗？

女性的月经初潮平均在12岁，绝经年龄大概在55岁左右。这样一算，女性一生平均会经历约516次月经，每次按6天算，一生有3000多天在经期，约等于八年半。不算不知道，一算吓一跳，生理期对于女性来说有多重要自不用多言。什么样的内衣能帮我们一起度过这段特殊时期，也变得至关重要。

生理期内，女性的身体会有不同程度的变化，最明显的反应就是肿胀。因为乳房的腺体与子宫内膜一样，也会随着月经周期的变化而出现经前增生期和经后复原期的变化。很多人发现这一时期除了乳房好像突然变大了，小肚子也会圆鼓鼓；等到生理期一过，才会恢复到之前紧绷绷的样子。目前还没有专为生理期设计的文胸，不过这段时间里，只要选择面料柔软、不带钢圈、束缚性小的文胸就可以。尺码应选大半杯，给乳房以足够的放松空间。

这段时间不要穿任何调整型内衣，否则其塑身功能会让身体感受到压迫，十分不适。

Q59. 什么是孕妇文胸？为什么要穿孕妇文胸？

有人以为孕妇的胸围变大，只要选择大尺码的文胸就可以了，这其实是非常错误的。普通的大尺码文胸并不是根据怀孕这一女性特殊时期的胸脯变化而做的设计，因此无法满足孕妇对文胸的特殊要求。

孕妇文胸，是根据孕妇的生理变化而专为其设计的文胸。它不应有硬钢圈，而且透气性要好，需要有防溢乳垫等。通常这些是普通的大尺码文胸不会考虑的。

女人从怀孕后到第16周左右，乳房明显开始变大，这时候就该考虑穿戴孕妇专用文胸了。

女人从怀孕到分娩，随着怀孕月数的增加，乳房也跟着不断变大，大到增加两个罩杯，给孕妇的脊椎造成较大的负担。如果孕期不戴文胸或是不及时更换成孕妇文胸，并在孕期的不同阶段未能适时更换成尺码合适的文胸，那么增加的乳房重量将得不到实物支撑，时间久了就会导致乳房下垂、变形。而乳房内的纤维组织一旦被破坏就很难复原。

不穿孕妇文胸还会造成病痛。

乳头在孕期会变得比较脆弱，对文胸的要求变高。如果文胸的罩杯小了，会直接压迫到乳头。如果文胸内衬不够柔软、透气，乳头无法保持干爽，也可能会加重孕妇的疼痛感。

所以，女人在孕期的不同阶段，除了要穿孕期文胸，还要根据乳房的不断变化调整文胸的尺码和材质。

Q60. 在孕期的不同阶段该如何选择文胸？

我们可以把孕期分为三个阶段。

第一个阶段是怀孕初期，即1~3个月期间。此时，大部分孕妇的乳房已开始变大，除了些许疼痛，偶而还会摸到肿块。另外，乳房表皮正下方会持续出现静脉曲张，乳头颜色也会变深。这个时候孕妇的乳房会变得敏感，需要特别的保护，最好选择专为孕妇设计的无钢圈全棉文胸。不过由于乳房还没发生大的变化，所以尺码上只要穿着稍微宽松、自己觉得舒服就可以了。

怀孕中期阶段指的是4~7个月期间。此时胸部明显变大，要开始穿戴较大的、能完全包住乳房、不挤压乳头，并能有效支撑乳房底部及侧面的孕妇专用文胸。这个时期乳房内开始生成乳汁，部分孕妇会溢乳，此时应使用防溢乳垫来吸收溢出的乳汁。为了方便放置和固定乳垫，许多专用孕妇文胸在罩杯内会装有袋口及辅助带。

怀孕晚期是指8~10个月期间。原则上，乳房没有新的变化，只是上围和下围都会更大，肿胀感当然也更为严重。这个时候乳房的重量会比平常足足重1公斤，给孕妇的脊骨带来越来越大的负担。此时要选择特别剪裁的胸围，如全杯设计、宽肩带和内藏软钢圈等，有助加强对胸部的承托力，以减轻脊骨、腹部及胸部的负担。

特别要说一下，为什么这个时候要穿带有软钢圈的文胸呢？因为此时如果文胸下缘没有支撑，就不能阻止乳房的下垂。但绝对不能使用硬钢圈，因为硬钢圈会压迫到下胸围，影响乳腺组织的健康。软钢圈文胸则既能支撑重量，又舒适健康。

此时文胸的肩带也要选择加宽的，以便有足够的拉力给乳房提供足够的支撑，也可防止肩部出现紧绷感，很好地分担胸部重量的压力。肩带不可过紧，过紧则可能束缚孕妇的正常活动，所以最好选择调节度比较大的肩带。

总之，孕妇在整个怀孕过程中要随时查看自身乳房的变化，更换最合适的文胸。在整个孕期内，孕妇可能需要更换4~5次内衣的罩杯尺码。

除此以外，腹部和臀部在怀孕过程中也在不断增大，所以内裤亦要选择用高弹力布料制作的生产期用束裤，以加强支持承托胎儿及保护腰背部的力量。材质应该选用含有较高比例的氨纶，既吸汗又透气，以保持身体的干爽。

如果觉得内裤穿起来有紧绷、不舒服的感觉，表明这条内裤已经不合身，需要更换新的尺码。

Q61. 孕期选择文胸应该注意什么？

面料要柔软、透气

以全棉材质为最佳，特别是内衬的面料要细致、柔软，贴身穿着可以减少对乳房的直接刺激，减少对乳头的摩擦。

孕期女性体内激素发生了改变，体温会升高，比以前爱出汗。棉质与其他材料相比，吸汗、透气性好，有利于保持乳头的舒爽。

尺码要合适

文胸的作用在于它能支撑乳房并为其提供保护。只有尺码合适了，文胸才不会压迫到乳头和乳腺，从而避免发炎现象。什么是合适的尺码？两个标准：一是罩杯的大小能完全贴合胸部，没有多余的脂肪漏出；二是下胸围完全贴近皮肤，不会过紧或过松。

肩带要宽、易调节

合适的肩带能够减轻对脊椎和胸部的压迫，宽肩带显然支撑性更强。在试穿时，可以抬起双手来试试肩带是否合适，如果它可以紧贴在肩部又不会掉下就可以。

Q62. 哺乳期应穿什么样的文胸？

女性从哺乳开始，就应穿戴专为哺乳期设计的哺乳文胸。

所谓哺乳文胸，就是罩杯上有扇窗（即授乳开口），可以随时打开，方便母亲哺乳的文胸。同时，哺乳文胸也会考虑到孕期乳房增重两倍造成的下垂问题，通常会有良好的承托力。假如不戴哺乳文胸，开始工作后的妈妈们在走路等乳房晃动厉害的情况下，下垂就会更明显。

Q63. 哺乳文胸有哪些主要特点？

1. 一般有授乳开口设计，解扣方便。母亲在哺乳时，可以一手抱着宝宝，另一手解开扣子。

依据设计的不同，授乳开口有三种：

全开口式

罩杯仅以活动纽扣与肩带衔接，要哺乳时无须将胸罩脱下，只要解开扣子，罩杯即可完全向下掀开，露出整个乳房。

开孔式

在罩杯上开门，掀开这扇门时，只露出乳头、乳晕及其周围，有一定隐蔽性。

前扣式

两罩杯的纽扣位于中心位置，利于单手解、系，并可直接看得见。

前扣式哺乳方便，但胸罩底边无拉力支撑，对于特别丰满的乳房更适用。也比较适合居家或睡觉时穿着，可以让乳房得到放松与休息。

2. 罩杯内有方便放置和固定乳垫的袋口及辅助带。

在产褥期和哺乳期，经常会有多余的乳汁溢出，被称为溢乳问题。随时放入可更换的乳垫能帮助吸收这些多余的分泌物，保持乳房舒爽。

因为哺乳文胸需要添加乳垫，所以购买时要考虑留出适当的空间。

Q64. 选择哺乳文胸时应该注意什么？

1. 多选用柔软棉布制成的文胸。

好的哺乳文胸会采用针织棉布制作，而不用化纤布料。这是因为化纤织品的纤维尘粒有可能进入乳腺导管，导致乳汁分泌、排泄障碍。所以产妇在选择时请一定认准棉成分。

细软的棉布不会硌着或压迫乳房，也不会对乳头产生不良刺激。

2. 罩杯的角度应明显上扬且有深度，应是全罩杯。这样才能包裹住丰满的乳房，并给乳房足够的支撑。

3. 罩杯的底部应有柔软定型钢圈，底边是较宽的W型托衬。这样的设计能够完全托起丰满的乳房，并给乳房一个向上的托力，保护增大的乳房不会下垂变形。钢圈应用纯棉织物包裹制成，以防止磨伤皮肤。

对于哺乳文胸是否应有钢圈一直存在不少争议。有钢圈的哺乳文胸能更好地支撑变大的胸部；但是，钢圈也有可能压着乳腺管，直接影响哺乳。要是乳腺管阻塞，还会引起乳腺炎。

4. 如果罩杯不是带钢圈的，罩杯下方的底边则要够宽，要用有弹性的面料制成（比如棉＋莱卡）。底边可以稍长，这样腋下及后背部就不会形成凹沟。

5. 文胸的肩带方向要上下垂直，而且应尽量宽一些，至少应有两个手指的宽度，这样即使是比较丰满的乳房也不会造成肩部酸痛。

6. 胸罩的颜色最好选择本白色，因为纯白色在染色时有可能加入了漂白剂，太过鲜艳亮丽的颜色有可能加入了染色材料，从而使皮肤产生不适，损害婴儿的健康。

7. 女性若在公众场合喂奶，在穿着哺乳文胸的同时如果能搭配其他护理衣服，会让哺乳过程更轻松。很多人希望保留哺乳的私隐性，市场上有专为哺乳设计的哺乳巾。

Q65. 哺乳期结束后应该穿什么样的内衣？

女性在生产后身体有自我调节机制，帮助其恢复至产前的状态，因此出现新陈代谢加快、出汗和阴道分泌物增多、胸部肿胀和敏感等情况，这时候，如果选择合适的产后内衣则有助于加快体型的恢复速度。

这种内衣就是调整型内衣。

什么时候开始穿调整型内衣比较好呢？哺乳期结束，且胸部涨痛感消失时，就是穿起调整型内衣的最佳时候。

适合产后女性的调整型内衣种类很多，有塑形胸部、腰部的，也有塑形腹部和腿部的，其中调整型文胸是最受女性欢迎的，因为怀孕期间由于支撑乳房的韧带被拉伸，乳房普遍会有下垂现象，穿上产后塑身专用文胸可以予以适当的矫正。它可以集中托起胸部，修饰胸部线条，使胸部更挺立、丰满，甚至可以使脂肪移位，重塑美胸曲线。

但对于这种调整型内衣不要过度迷信。说到底，调整型内衣并不能消灭多余的脂肪，而只是转移脂肪，所以，真正的塑身还是要通过持之以恒的锻炼方能达到。

穿调整型内衣要特别慎重，不要急于求成，不要长时间穿着过度紧绷的调整型内衣，否则会给呼吸造成困难。假如穿着期间有任何不适就应马上脱下，向医生咨询后再决定是否继续使用。

关于他的内衣

Q66. 你会买情侣内衣给另一半吗？

所谓情侣内衣，就是花色、款式相似或相对的内衣。常见的情侣内衣有情侣内裤和情侣睡衣、情侣家居服等。

情侣内衣是表达爱意的一种浪漫方式，通常由一方买给另外一方。情侣内裤可以增加卧室乐趣，而且当相爱的人看到彼此时，会感受到两人紧密不分的感情，或是希望在一起的愿望。

情侣睡衣和情侣家居服的接受度可能比情侣内裤更高，而且男性也可以大方地买给女性，我们常遇到男性选购情侣家居服的案例。两个人穿着相配的睡衣或家居服一起窝在沙发里看书、看电影，一起做家务，一起出门散个步，都会让彼此感受到二人世界的温暖和闲适。别小看一件衣服，它所传达的不仅仅是浪漫的氛围，还有一种对持久、稳定生活的向往。

如果你还没给自己的另一半买过情侣内衣，请赶紧行动吧！

Q67. 你会给他买什么样的内衣？

"我会给他买内裤，他的内裤都是我买的！"这可能是大多数女性的回答。

根据调查显示，男人在33岁以后自己购买内裤的频率几乎为零，因为他们大多数开始进入稳定的关系（婚姻关系或恋爱关系），买内裤的事多半会交给女友或太太。而且女性多半也有这样的想法，她们会觉得他的内裤由我买，他就是我的。不过作为伴侣的你，在慢慢接手这件事后，是否意识到你的责任其实很大？因为与其说他们后半生内裤的好坏将由你决定，不如说他们生活的如意与否也在你的把握之中。

Q68. 如何为他挑选合适的内裤？

根据伴侣的实际情况挑选材质。不要迷信纯棉面料。

很多人都认为纯棉面料的衣物最好，尤其内衣、内裤，甚至非纯棉不买。其实这种做法未必合适。纯棉面料柔软，吸湿性强，但排湿性差，不易干，对于多汗体质，尤其是长时间驾车的男性来说，容易造成湿疹。不过，现在大部分纯棉内裤里会加10%左右的氨纶，也就是弹性纤维，让内裤穿起来更为贴身、舒适。所以，要根据男性的实际情况挑选内裤的面料。

除了棉与氨纶，还有其他一些材质也比较常见。

尼龙

轻巧柔软、耐磨高弹、不易变形，既吸湿又速干，是理想的男士内裤面料。不过，尼龙毕竟是化纤材质，请在选购前务必先了解他是否对尼龙有过敏反应。另外，尼龙不宜用40℃以上的热水洗涤，否则容易丧失弹力。

莫代尔

手感柔软爽滑，有更强的吸湿排汗能力。缺点是承托力不够，且容易起球。有些男士内裤选择用棉与莫代尔混纺的材质，再加一定比例的氨纶，就会更为舒适。

竹纤维

原料取自天然生长的竹子，除了纤维细度、干强指标、吸湿排汗能力高于普通棉面料外，还有抗菌、除臭等功能。但其光泽度不如莫代尔，且跟莫代尔一样，承托力一般。

CoolMax®

一种速干面料，轻薄、透气，本来多用于运动内衣，可迅速将汗水和湿气导离皮肤表面，时刻保持干爽、舒适。由于其纤维中空的特性，冬暖夏凉，是高级男士内裤的首选面料。如果你的伴侣喜爱运动并会在运动时大量出汗，就为他备好几条CoolMax®材质的内裤吧。

除了面料外，款式也是需要根据实际需求来考量、选择的。男式内裤紧身款通常有平角裤和三角裤两种可选。

选择哪种更合适呢？首先我们要注意到，男式内裤的作用不仅仅是为了遮羞，还有一个重要的作用就是保护睾丸，并且减少大腿与外裤的摩擦，还要防止异味外漏。出于这么多考虑，平角裤显然比三角裤更容易受到男性的欢迎。如果你的伴侣是商务人士，经常穿西装裤，紧身平角裤紧贴大腿以及提臀的设计就更适合他。因为西装裤面料轻薄而且裁剪平整有形，平角裤的裤筒边缘可以延伸到大腿，不会在外观上留下尴尬的内裤痕。如果你的伴侣特别在意内裤痕的话，你也可以为他选择无痕贴合款。

如果你的伴侣热爱运动或者爱穿牛仔裤，可能会更钟情于三角内裤，因为它能给大腿更多伸展空间。牛仔裤厚，不易露出里面的内裤痕，三角裤穿在里面更加包臀贴身，可以对睾丸形成很好的保护，也会让他感觉舒适透气。另外，夏天外裤比较轻薄，为了美观和凉爽，最好为你的伴侣备上几条三角裤。

总之，无论选择哪种紧身内裤，都要注意囊袋部位的立体感是否足够。囊袋是能托住睾丸的设计，防止下垂和与大腿内侧的相互摩擦，需要通风透气，也方便如厕。立体感不够的囊袋会压迫睾丸，影响血液循环。但也不要过松，过松的内裤穿在长裤下会显得十分臃肿。

当然还可以为伴侣买睡衣和家居服，我个人认为，这是你更应该为伴侣买的内衣。能想到为伴侣买睡衣和家居服的女性，内心对另一半的爱更体贴，也更无私。

Q69. 什么是拳击内裤？

男士内裤里还有一种不紧身的平角内裤叫拳击内裤，即英文里的"Boxer"，也为众多男士喜爱。通常用梭织棉制成，因此不紧身。拳击内裤有两种，一种有后中接缝，后裤片是两片；一种没有，后裤片是一整片，穿在身上完全不会有臀沟的夹裆现象。没有后中接缝的，也叫"阿罗裤"，是由美国阿罗内衣公司研发，因此而得名。如果你的伴侣体型偏胖，一定会喜欢阿罗裤。这两种拳击内裤都是宽松款，购买时，要尽量买修身合体的尺码，否则如果太过宽松的话，布料会在他的长裤下堆起，显得臃肿。

现在市场上有很多所谓的"人性化"男式内裤设计，比如在关键部位进行立体剪裁，能够与身体贴合得更紧密，又能保证充裕的呼吸空间；裆部使用透气性能更好的布料做衬，甚至使用通常用于运动内裤、有冰酷感的面料，让男性的敏感部位凉爽、舒适；或专门针对牛仔裤面料较厚的特点而设计的抗摩擦内裤。这些都在努力对男性生殖器官加以特别保护，而女性为伴侣挑选时，也要更为用心。

PART 2

穿戴

Q70. 今天早上我该穿哪件文胸？

虽然现在出现了很多文胸外穿的设计单品和流行现象，但并没有成为文胸穿戴的主流，文胸基本还是穿在外衣下的。因此，从设计的角度讲，文胸的设计参照物传统上是外衣的领口形状，以不在领口处暴露文胸为主要规范。这个规范现在仍然适用。

依照形状分类的文胸款式与外衣领口的对应穿着关系大致可总结如下：

1. 全罩杯型：适合带领或不开领口的外衣；

2. 半罩杯型：适合较大领口

3. 平杯型：适合一字领口；

4. 无肩带型：适合无肩外衣；

5. 前系扣型：适合V字领口或开胸较低的外衣；

6. V罩杯型：适合较低的V字领口。

Q71. 软杯文胸外穿怎么避免凸点尴尬？

尽量选择有插片开口设计的软杯文胸，需要时插入一副棉垫即可。

小插片大部分用蓬松棉制作，选择上面有均匀打孔的插片，透气性会更好。洗涤文胸时，记得将棉垫抽出单独手洗，不要用洗衣机洗。

Q72. 日常通勤可以穿运动文胸吗？

在回答这个问题前，要先分清有功能性的运动文胸与有运动风格的文胸的不同。前者是真正的运动文胸，后者说白了是长得像运动文胸的基础文胸。

功能性运动文胸的布料成分里通常有较高含量的氨纶，氨纶的含量越高，弹力强度越大，压迫感也会越强。长时间穿戴高强度运动文胸，乳房会因压迫产生不适感，所以不建议日常穿着强度较高的运动文胸。

而有运动风格的文胸使用的材质其实与基础文胸差不多，比如棉＋氨纶、莫代尔＋氨纶等，只是在设计风格上使用了运动元素，但本质还是基础文胸。这样的文胸不会造成任何压迫，是日常通勤的好选择。

现在的运动文胸不仅仅是为运动而设计的，而是演变成了有运动风格和元素的文胸。

Q73. 高强度的运动文胸穿戴十分困难，该怎么办？

高强度的运动文胸是为了特定的高强度运动项目设计的，比如剧烈跑步、强力健身等。为了给胸部足够的支撑，文胸通常会使用超高氨纶含量的材质，效果就是非常紧绷。因为某些高强度运动会让文胸接触到地面，比如在地上翻滚、背部着地等动作，这类文胸都不在底围设计背钩开口，为穿戴造成了极大的困难。

甚至有人抱怨说，穿一次这种高强度的运动文胸，手臂几乎抽筋，心脏几乎骤停。虽然不免夸张，但的确说出了很多人的心声。

现在已经有越来越多的设计师和生产厂商注意到了这个问题，在区别运动强度的同时，也为强度没有那么大的运动文胸设计了各种开口，让穿戴尽可能方便。而且，近两年生产厂商也为市场提供了一种非常适合运动文胸的调节带，即使背部着地，也不会太"硌"，让开口更为美观，也更为实用。

不过，如果你做的是高强度运动，就必须选择高强度运动文胸，穿戴时的困难就只好忍受一下了。

Q74. 文胸可以外穿吗？

"文胸外穿"现已成为一种时尚潮流，我们看到很多明星都有过示范。

内衣外穿的风潮始于胸衣外穿，但凡对胸衣历史有点了解的人，可能都知道20世纪90年代麦当娜那场"金发野心"的世界巡演。那场演出给世界留下了深刻的印象，除了她的舞台表现，还有几款特别的胸衣演出服，它们甚至比她唱了什么更为人津津乐道。

为她设计这些演出服装的是法国设计师让-保罗·高缇耶，在麦当娜演唱会后，他接连推出了更为夸张的几款外穿胸衣，比如将胸部做成尖锐无比的锥形，成了名符其实的"胸器"；胯骨被更戏剧化地强调，骨盆被超现实放大。

自胸衣开始被外穿以后，文胸也渐渐有了外穿趋势，只不过游戏的成分比较大。

以纽约生活为背景的情景喜剧《老友记》，在1996年初播出一集"球童"，副线故事讲的是糖果公司女继承人苏，仗着自己胸部曲线优美，无论穿多轻、多薄的外衣都从不穿文胸打底。女主角伊莱恩是她的中学同学，在街头偶遇后对她嫉妒不已，她在苏生日时恶作剧地送上一件式样传统的全罩杯白色棉布文胸。不料，苏又开始在光天化日之下只穿文胸不穿外衣招摇过市，并吸引了更多的男性目光。男主角亏默正好开车经过，因为一直盯着她看而酿成车祸。这让人由衷地佩服《老友记》的两位男性编剧对"内衣外穿"这一时尚热点的敏感，他们第一次在文艺作品里将"内衣外穿"表现得如此生动。

不过，敢在大街上只穿传统文胸的人并不多。毕竟胸是最重要的女性特征之一，暴露得像苏那样难免有危害社会秩序之嫌。同时，自信乳房长得完美的人总是少数，毕竟大多数人买文胸的目的是为遮掩，而非暴露。

因此，现在最多被外穿的文胸是运动文胸。很多人喜欢运动文胸的大胆配色、遮盖度高，又有特别的支撑力。因此，穿上运动文胸，再穿一件薄外套就走上街头的人越来越多。

而一般传统样式的文胸被穿出来时，常常会穿在打底衫或紧身毛衣外面，它们更像是一种配饰，总是带有点时尚的游戏性，合不合身也全无所谓。不过搭配得当的话，确实能穿出特别的美感。

Q75. 夏季需要穿打底文胸吗？

夏季因为穿T恤较多，需要一件特别好的T恤式文胸。

所谓T恤式文胸，是一种无缝模杯式文胸，被认为是穿在T恤、针织衫和紧身衣下最理想的文胸款式。

T恤式文胸通常使用平滑的面料，线条简洁、流畅，没有任何多余的装饰，因此在类似T恤这样轻薄的外衣下也不会显露文胸的痕迹。

Q76. 冬季将文胸穿在秋衣外面好吗？

南方冬季太冷又没有暖气，很多姑娘喜欢把文胸套在秋衣外面，睡前脱掉文胸就可以直接钻进被窝；起床在外面套上文胸，可以避免身体直接接触冷空气。总之就是秋衣不离身。这些都是妈妈亲身试验、口口相传的保暖秘籍。但文胸穿戴的基本准则是"贴合"，如果隔着一层秋衣，文胸就无法完全贴合胸脯，从而起到承托作用。

当然也有些姑娘选择大冬天不穿文胸，不过 B 罩杯以上还是穿比较好，可以避免真空状态下胸部没型和下垂的情况。

Q77. 穿露背装应该穿什么文胸？

有专门给露背装设计的文胸，叫"无后背式"。

这种款式在市场上不常见，因为它一般只适合在非常特殊的外衣下穿。比如上图的这款露背文胸就是为大露背长裙设计的。

没有侧比、后背和肩带的硅胶式隐形文胸，也十分适合露背装。

©EMILY YU 工作室

文胸有哪些肩带的变化？
如何与外衣搭配？

无肩带式

没有肩带或附带有可装卸的活动式肩带的文胸，
通常罩杯背面上下两端涂有硅树脂或橡胶条，以防止
文胸在不使用肩带时往下滑落。

3/4罩杯文胸经常被处理成无肩带式。

无肩带式文胸适合无领礼服。

虽然无肩带式文胸有小尺码，但是胸部过小穿戴
这款文胸的话容易下滑。所以，小胸女性在穿戴这款
文胸时，最好还是使用肩带，以免造成尴尬。

活动肩带式

肩带与围度的前后片都用九字扣相连，可以随意
拆卸，也可以随意变化肩带的形式以适应不同外衣领
口的需要。这一款最适合旅行出差，带这一件便足以
应付不同场合、不同外衣形式的需要。比如后背交叉
式、挂脖式、单肩式等。

Column

肩带可变化的方式如下图：

① 正常后背；

② 肩带后背交叉式，适合露出肩胛骨式背心和外衣；

③ 无肩带式，适合穿在露肩外衣下；

④ 单肩式，适合穿单肩式外衣；

⑤ 吊带式，肩带从脖颈后绕过，可以让肩膀和后背上部看不见文胸吊带。适合吊带外衣；

⑥ 低背式，系扣在后背较低、接近腰部的位置。适合在露背外衣下穿，也可以拿掉肩带。

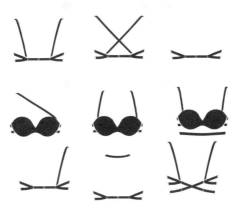

T字后背式

现在市场上有些文胸的肩带滑环或八字扣设计成带钩扣式，如此一来，虽然肩带是普通的肩带，但将滑环上的钩扣钩在一起，就可以使肩带在后背向中间集中，造成T字后背式效果。这样的钩扣式可以防止肩带下滑，对肩部较窄或溜肩女性特别适用。这也是夏天的必备款式，最适合搭配无袖上衣和背心。

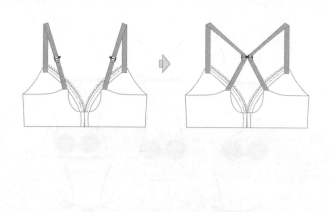

Q79. 你的内衣橱里有硅胶文胸吗？
你知道怎么穿吗？

硅胶文胸，也称"隐形文胸"。没有肩带，也没有侧比和后背固定，只有两个用硅胶制作的罩杯，靠罩杯内层涂有的黏胶贴在胸部，因此成为很多场合和衣服搭配的必备内衣。特别是需要穿露肩礼服、露背礼服、吊带装或一字领衣裙时，硅胶文胸被认为是必不可少的搭档，常常需要穿礼服的女明星们对它更是爱不释手。那么，硅胶文胸要怎么穿呢？

第一步，做好穿戴前的准备工作

硅胶文胸有其自身的黏性，在使用前，最好先将胸部清洁干净，然后用毛巾擦拭，保持干燥。切勿在胸部残留水渍，以防脱落！

擦干后不要涂抹任何护肤产品，例如身体乳、爽身粉等，这些物品都会影响硅胶文胸的黏性。

第二步，分清左右杯

要穿上硅胶文胸，分清左右杯是首要任务。

通常弧度大的为下，弧度小的为上；有黏性的是内侧，没有的是外侧。

第三步，一次戴一边

先留意罩杯的下缘位置。穿戴时把罩杯向外翻，将罩杯置于要放的角度，从胸下1厘米开始黏贴。

C罩杯以上的女性，可适当上调1～2厘米的距离，防止脱落。

建议新手朋友们可以照着镜子找准位置。如果贴不准位置反复撕拉硅胶文胸，会导致其黏性下降，缩短使用寿命。

找对位置后，轻轻地用指尖抚平罩杯的边缘，然后紧按10秒固定，一边戴好后，再重复同样的动作戴另一边。

为了让胸部看起来更圆满，应将罩杯置于胸部高一点的位置，连接扣向下45度，这样可以更好地衬托出胸部曲线。

第四步，扣上连接扣

调整两边的位置保持胸型对称，然后将隐形文胸连接扣扣上就可以了。

Q80. 任何人都适合穿硅胶文胸吗？

当然不是。

至少对于以下几种人，硅胶文胸并不适合。

1. 乳房下垂。硅胶文胸能够让胸部聚拢，但不能够让下垂的胸部回复到原本位置，所以建议有此烦恼的朋友最好不要穿戴硅胶文胸。

2. 乳房有皮肤破损、皮肤容易过敏的人。硅胶文胸透气性能差，长期穿戴会刺激胸部，令胸部产生瘙痒等不适。

3. 哺乳期女性。原因同上。

4. 经常出汗的女性。汗液会影响硅胶文胸的黏性，甚至令其突然脱落。因此，爱出汗，特别是更年期频繁出汗的女性，在正式场合不宜穿戴硅胶文胸。

Q81. 可以长时间穿戴硅胶文胸吗？

不可以。

专家建议一天内穿戴硅胶文胸的时间不要超过6小时。

因为硅胶文胸不透气，穿戴时间过长，汗液无法干透，很容易使皮肤出现瘙痒红肿等情况。而汗液落在硅胶文胸上，会影响硅胶文胸的黏性，甚至会造成硅胶文胸滑落的尴尬。

天气太热时也不宜长时间穿着硅胶文胸。

事实上，最需要穿硅胶文胸的季节是夏季，可在高温条件下，人们更容易出汗并感到闷热，更不用说穿戴不透气的硅胶文胸了。

Q82. 一整天都待在家，要穿文胸吗？

穿文胸的目的不是给别人看的，而是为保护自己的胸部。因此，即使白天一整天待在家里，也建议穿上。

不过，因为没有露点之虞，可以选择相当舒适的款式，能给胸部以足够的承托力，同时又让自己感觉自在即可。

如果在家里做运动，还是需要换上运动文胸。

Q83. 回到家，什么时候脱掉文胸？

可以在换上家居服的时候，把文胸脱掉。

如果不马上进入卧室，而是会在家里的公共区域，比如客厅、厨房逗留，而你又不想穿文胸的话，建议你可以换上相对宽松的家居式文胸。这种文胸不带钢圈，也不用超厚海绵垫，只是能给乳房一定的支撑。

也可以穿上带有文胸的背心。这种背心在表面看不到文胸，却有文胸的支撑功能。

Q84. 睡觉的时候应该脱掉文胸吗？

如果是普通的基础文胸，睡觉时最好不要穿。

女性乳房健康专家认为，文胸不能整天穿戴，每天要保证八个小时不戴文胸。那对于一个天天要上班或上学的人来说，这八个小时就只能在睡眠中完成，所以医生通常会建议睡觉时不要穿戴文胸。

即使不考虑这个八小时理论，晚上睡觉时也以不穿戴普通的基础文胸为好，因为这种文胸多半都会对胸部有束缚感，会影响睡眠时的呼吸顺畅和血液流通。

不过，如果一定要穿戴文胸入睡，可以选择适合夜晚睡觉的"睡眠文胸"或"夜间文胸"。这种文胸与哺乳文胸近似，比较宽松，可以让乳房自由呼吸。

Q85. 一个女人应该同时有几件文胸、内裤轮换着穿？

通常我们建议购买文胸和内裤的比例是 1：3 或者 1：2，就是说买一件文胸应该买 2 ~ 3 条内裤。如果我们每天更换内裤的话，那么文胸的更换频率应该是每两天或三天更换一次。而且从价格上讲，内裤比文胸便宜很多，可以多买些，可以与文胸搭配出不同的风格效果。

不过，内衣的根本任务是为外衣服务，所以，如果每天更换外衣的话，可能文胸也需要每天更换。

更换频率不等于洗涤频率，如果更换下来的文胸暂时无须洗涤的话，最好放置在通风干燥处晾晒。

Q86. 尺码不合适的文胸该怎么处理？

如果罩杯不合适，则应赶紧放弃。

如果只是底围不合适，可以找裁缝或承担订制的工作室加以修改。比如底围过长，可以将背钩处剪短，重新上背钩；如果过短，则可以再加一排背钩，只是美观度会打折扣。

Q87. 如何选择与裤子或裙子搭配的内裤颜色？

穿白色的裤子或裙子时，一定要穿裸色内裤。很多女性以为白裤下应该穿白色内裤，这是绝对错误的，因为白色在白色下会产生强烈的反光，反而会透到外面来。

黑色内裤可以搭配黑色及所有深色裤子或裙子下。

除不能穿在白色棉质或麻质裤下，白色内裤可以穿在其他任何浅色裤子、裙子下。

时尚色是根据当季成衣流行的颜色决定的，通常比外衣的流行色稍浅，目的是为搭配外衣方便。所以，时尚色内裤可以放心穿在时尚色的裤子或裙子下。

Q88. 如何选择与裤子或裙子搭配的内裤款式？

市场上的内裤让人眼花缭乱，怎么穿才能不在裤子或裙子下显露出内裤痕，大方又得体呢？

掌握下面四个重要的搭配原则，就不会出错。

1. 低腰裤或裙子，一定要搭配低腰内裤。

2. 迷你裙或短裙，一定要搭配低开腿、可以包裹住大腿根部的平角裤。

3. 夏季裙装应选择全棉质地的平角裤。因为棉布吸汗，本身凉爽，不会因为出汗而有粘腻之感。

4. 轻薄、丝质、容易贴身的裙子或裤子，无痕内裤是最好的选择。

Q89. 你会穿丁字裤吗？

大部分女性反映说丁字裤穿起来不舒服，但过去却是很多女性内衣抽屉里的必备款式。因为穿紧身裤，尤其是穿弹力强、面料轻薄的紧身裤裙时，特别在某些穿礼服的重要场合，必须搭配丁字裤，否则就无法完全做到没有内裤痕。虽然自从有了无痕贴合内裤以后，丁字裤的销量急剧下降，很多人以为再也不用穿丁字裤了，可实际上，无痕内裤再无痕，也无法完全取代丁字裤的作用。

然而，由于丁字裤特殊的造型设计，尤其是下部设计成窄带，很容易勒入女性会阴，与娇嫩的皮肤发生摩擦，引发局部皮肤充血、红肿、感染等症状，从而诱发阴道炎等妇科疾病，因此很多人对丁字裤望而生畏。

既需要穿又害怕穿，怎样才是丁字裤的正确穿法呢？

首先尽量不要长时间穿着丁字裤，如果特殊场合必须穿时，可以在丁字裤裆部垫上一个小巧的卫生棉垫，不要让裆部的窄带勒入太深。如果局部正好有炎症或经期，就要避免穿丁字裤了。

Q90. 旅行的时候，你带睡衣吗？

出门住酒店时，带一件自己的睡衣是对个人卫生的保护。酒店即使会高温洗涤床品，更换也很勤快，但仍会有各种细菌存在。再高级的酒店都会有各种各样的卫生隐患，这样的问题最近曝光了很多。女性出门，最稳妥的做法是带上自己的睡衣，甚至可以带上自己的拖鞋。

　　另外，熟悉的睡衣会给我们一种回到自己家、躺在自己床上的感觉，更容易放松，也能更顺利地进入睡眠状态。

©EMILY YU 工作室

Q91.

三天两夜的旅行或出差，
应该带几件内衣？

　　文胸的话，一般情况下带两件足矣。一件是基础文胸，不花哨、光滑面料，选择基础颜色黑色或肤色即可。这件文胸最好可以搭配任何外衣。

　　第二件可以选择比较时尚的蕾丝款或不光滑面料款，在一些特殊的社交场合需要。

　　带一件肩带可以调节的文胸也是十分必要的。

　　女性应该每日更换内裤，所以至少要带三条内裤。为防止意外发生，最好多带一条。

　　旅行时，可以带便于携带的胶囊内裤。胶囊内裤采用轻薄透气的面料制作而成，分量轻，卷起来精致小巧，故而得名。

PART 3

清洗与收纳

关于清洗

Q92. 新买的内衣，要不要先清洗？

当然是一定要洗。

据一项调查显示，新衣服买来后会洗的人只有22.8%，这个数字如果也适用于内衣的话，那就太危险了。

虽然内衣是新买的，但在出厂前已经经过多道工人的手，比如布料工、裁剪工、几道流水线上的缝制工、整形工、包装工等。而且在生产过程中，如果不小心蹭上了机器油污，工厂会用一种锶水枪喷射，把污渍去掉。这个锶水喷枪去污力极强，刚喷上时锶水的味道很重，但等衣服到消费者手里时，味道已经淡到你闻不到了。所以，无论如何贴身内衣一定要先洗才能上身。

衣服在加工的过程中离不开甲醛，它可以用来除皱、防腐及保色，所以新衣服里都会残留甲醛。其实，有甲醛不是什么大问题，问题在于量的多少。现在很多工厂都宣称生产符合环保标准，但有些工厂为了减低成本还是有可能过量使用。

买新内衣时可以闻一闻有没有刺激性的味道，如果有异味，很可能是甲醛超标。虽然国家要求各类服装衣物的甲醛不得超标，但市场上仍有很多无法达到国家规定标准的衣服。因此，买内衣时，一定要查看合格证，尽量选择正规厂家生产的产品。

那么，要如何清理新衣服上这些有害物质呢？其实水洗就可以洗掉衣服上的甲醛等大部分有害物质，因为甲醛易溶解于水。新买的衣服如果不是必须干洗的，都要先下水。在清水中加一勺食盐也是个不错的办法，食盐有消毒、杀菌、防褪色的作用。也可以加入少量洗衣液清洗。

Q93. 内衣应该手洗还是机洗？可以干洗吗？

主要看布料的质地。如果是棉，大部分可以机洗。如果是丝绸，请务必手洗。

小件内衣，比如文胸、内裤比较"脆弱"，放在洗衣机里洗很容易变形，最好手洗，并选用温和的洗衣液，一定要用清水漂洗干净。

大部分的内衣都不需要干洗，但有些用珍贵材质制成的家居服，比如羊毛、绸缎睡袍、加绒睡衣等可能会标有干洗标志，请务必干洗。不过国内干洗行业目前还无法实现干洗剂无毒化，虽然衣物上的干洗剂残留对消费者的健康并不构成大的威胁，但干洗后的衣物取回后，应该在通风处放置两三天。

内衣上的主要污垢是皮肤的分泌物，如皮脂、汗渍等，内裤上或许会有血渍。内衣专用肥皂或洗衣液，采用含酶配方体系，PH值中性，不含磷、铝成分，对人体皮肤刺激性更小；更能有效去除包括血渍在内的各种污渍；还有柔顺功效，使内衣洗后干净、柔软。

除非在衣服的水洗标上有特殊要求，大部分睡衣、家居服是不需要干洗的，都可以水洗。如果是丝绸质地，则应手洗。

Q94. 如何清洗文胸？

1. 一般情况下应手洗。

应以"轻按"的方式手洗。文胸不能过分挤压，以免弄皱变形，破坏面料纤维。特别是带有钢圈的文胸，不要用力拧。

2. 清洗时最好用30℃左右温水，配合一般的中性洗衣液或内衣专用洗衣液。

3. 使用洗衣液要适量，过多的洗衣液会残留在面料上，很难冲洗干净。

应先将洗衣液溶于30～40℃的温水中，待完全溶解后，放入文胸。洗衣液不能直接沾于文胸上，否则可能导致文胸颜色不均。

4. 千万不要使用漂白剂，含氯的漂白剂会损坏质料并使其变黄。

5. 特别脏的地方不要用小刷子刷，而要利用内衣自身互相磨擦，即可去除污渍。

如果文胸的水洗标上没有特别注明必须手洗，一般情况下可以机洗，但应放入内衣洗衣袋里。机洗文胸要选择轻柔档，时间不要过长，三到五分钟即可，并且务必使用冷水。因为文胸是用精致的面料和橡筋制作而成的，也常常会有蕾丝等装饰材料，不同材质染色手段和处理方式都会不同，使用高温热水有可能导致变色或染色，或者改变色泽亮度。

钢圈文胸不建议机洗，尤其是硬钢圈，还是以手洗为宜。因为机洗极易使钢圈变形，让文胸寿命大打折扣。一般带钢圈的文胸可以穿一年不变形，但如果长期机洗，半年后多半就不能再穿了。

如果实在太懒，软钢圈文胸可以机洗，但需要将有钢圈和无钢圈的文胸分开。

机洗后的文胸务必晾干，切忌用烘干机烘干，否则会大大减少文胸的使用寿命。

文胸上落了污渍应尽快清洗，时间愈长，污渍渗入纤维组织后会愈难清洗。可随身携带一只洗净笔，如果不方便马上将整件文胸丢进水里清洗，可以尽快用洗净笔在污渍上处理一下，等回到家时再洗就容易很多。

去除常见污渍有些流传甚广的小窍门，但没有足够的调查数据证明这些方法百分之百有效。去除污渍最好的办法还是在落上污渍的几秒钟内进行紧急处理，大部分污渍即可被清除掉。

针对不同的污渍类型，有以下方法可供参考：

汗渍：用米汤水浸泡，稍微搓洗后冲净；

酒渍：以冷水浸泡后，用温肥皂水洗净；

果汁：将面粉撒于污渍上，用清水搓洗；

口红或粉底：用酒精或挥发性溶剂去除，再用温度适中的洗衣液清洗；

血渍：将牙刷蘸上稀释后的洗衣液刷洗。

Q95. _____ Column

内衣清洗前要确认的清洗标识
都有哪些？

内衣常用清洗标识有如下几类：

1. 手洗标识

2. 水温注意标识

3. 熨烫标识

4. 洗衣液的品种规定标识

5. 洗衣液洗涤温度标识

6. 晾干注意事项标识

常用清洗标识如下：

○ dryclean   干洗

⊗ do not dryclean   不可干洗

Ⓟ compatible with any drycleaning methods

                                          可用各种干洗剂干洗

△ bleach   可漂白

▲ do not bleach   不可漂白

□ dry   悬挂晾干

Ⅲ hang dry   随洗随干

⊟ dry flat   平放晾干

▽ line dry   洗涤

wash with cold water   冷水机洗

wash with warm water   温水机洗

wash with hot water   热水机洗

handwash only   只能手洗

⊠ do not wash   不可洗涤

Q96.　文胸如何晾干？

　　文胸洗好后不要用手拧干，最好用干毛巾包裹，用手将水分挤压出去。待毛巾吸干水分后，将内衣拉平至原状，如果是带罩杯的文胸则要将罩杯形状整理好平铺晾干。

　　湿的文胸要以杯与杯中间点挂起来，切忌直接将肩带挂在衣架上，因为水分的重量会把肩带拉长。

　　日晒易使衣物褪色，所以应将内衣放在阴凉通风的地方晾干。

Q97.　如何保养全蕾丝文胸？

　　蕾丝是由100%涤纶或一半涤纶一半棉制成的，因此尽量不要放入洗衣机清洗。上等的蕾丝需要手洗或拿到专业的干洗店处理。

清洗蕾丝的时候要使用质地温和的肥皂或专门清洗丝织品的洗衣液。

清洗之前，先将毛巾铺在水池里，洗后再用毛巾将蕾丝捞起，这样做可以防止蕾丝意外拉断。

将湿蕾丝包裹在毛巾里吸走水分，再把它们平铺，待自然晾干。

Q98. 如何保养硅胶文胸？

硅胶文胸是常见的女性衣物，它的一面涂有粘性胶，因此很容易粘上脏物，需要经常清洗。

清洗方法

1. 首先准备好30~35℃的温水，这个温度的水用来清洗硅胶文胸，既能去除文胸上的污垢，又能保证文胸的形状和黏性不受影响。

2. 先从一边罩杯开始清洗，用手托住一只罩杯放入温水中，使其变湿，用另一手的指腹以划圆圈的方式轻揉罩杯的正反面。清洗罩杯上的灰尘和污垢，可以单纯用清水清洗，也可以使用中性肥皂或沐浴露来清洗，只要保证硅胶文胸上没有污垢和清洁品残留物即可。注意清洗时不要用指甲摩擦胶合面，小心划伤胶质层，影响其黏性。也不要用毛巾清洗，否则会损坏黏胶表面，降低粘附性。

3. 应将硅胶文胸与其他文胸分开洗涤。

4. 不宜机洗。因为机器磨损会使产品变形，缩短使用寿命。

晾晒方法

硅胶文胸在清洗过后，应放在干燥通风的地方晾晒。

也可用纸巾擦去没有涂粘性胶那一面的水渍，然后挂于衣架上。注意不要用夹子夹硅胶文胸，以防硅胶文胸变形，最好是将硅胶文胸对折晒。

另外，硅胶文胸不宜放在阳光下暴晒，因为这很容易导致硅胶文胸变形。通常放于干燥通风处晾晒即可。

保存方法

等到硅胶文胸晒开后，即可取下。

在购买时，通常硅胶文胸上是贴了一层保护膜的，如果这层保护膜还在，可将保护膜重新贴于涂有粘性胶那一面，以防止细菌和灰尘落入，影响其自身粘性；如果不在了，用普通保鲜膜代替即可。贴上保鲜膜后，要挤出里面的气泡，放于干净的保护盒中，方便下次使用。

应避免用毛巾、纸巾或较薄的塑料袋接触粘胶面。避免两个罩杯的粘胶面粘在一起；如果不慎粘在一起，可轻轻地、慢慢地将它们分开。

平时没有使用时，最好将硅胶文胸放于单独的盒子中保存，以防放在衣柜中，被衣物压住，影响其形状，或沾上不洁之物。

使用寿命

硅胶文胸的寿命跟其质量和保养程度有关。质量好的硅胶文胸，可反复穿50~100次；而质量差的穿3~5次就没有粘性了。良好的保养方法能够延长硅胶文胸的寿命，反之，若经常用力揉搓或长期不清洗，则会大大减少硅胶文胸的寿命。

Q99. 内裤应该如何清洗？

请务必手洗。因为内裤直接接触女性最为敏感的部位，只有手洗才能有针对性地洗涤裆部，这是机洗做不到的，因此有可能无法完全去除细菌。

其次，要使用内裤专用洗衣液，而且要用弱碱性的。包装上一般会标注PH值，9~10.5最好，因为中性洗衣液不能有效除菌，酸性的有可能损坏内裤面料。而添加香料成分的洗衣液更不能使用，否则有可能破坏女性自身的酸碱平衡，引起过敏或炎症。如果没有专用洗衣液，最好的办法是用清水加柔和的洗衣液清洗。

内裤清洗干净后，一定要及时烘干或者晾干。

不同面料的内裤，应采用不同的洗涤方法。比如纯棉内裤要深浅颜色分开洗涤，不宜使用热水，否则可能染色。莫代尔面料容易起球，洗涤水温不宜超过 40℃，且不宜使劲揉搓。

Q100. 内裤洗净后需要暴晒才能穿吗？

之前有人说过：内裤不暴晒，就等于白洗！

理由是一条脏的内裤至少带有0.1克粪便，其中含有许多致病菌，比如真菌、沙门氏菌、大肠杆菌等。只有暴晒至少30分钟，利用阳光中的紫外线杀死这些致病菌，才能达到清洁内裤的效果，否则洗了也是白洗。

这样的说法有道理吗？咱们不妨细细研究一下。

首先，上面提到的致病菌，只有已经患病的人才会携带。例如，股癣疾病患者的内裤上会有真菌，肠炎疾病患者内裤上会有沙门氏菌等。健康的人，用普通的洗衣液就能洗掉大多数病菌；而一些真菌，假如普通的洗衣液很难洗干净，那么紫外线其实也无法杀死它们，而是需要先用消毒剂浸泡后再清洗。

有条件在太阳下晒干内裤是对的，但"不暴晒就白洗"这个说法未免有点夸张。

正常情况下（没有炎症的时候），内裤晾干或烘干后就可以了。因为致病菌大多在潮湿的环境下繁殖，只要内裤保持干燥，这些病菌就不会有繁殖条件。

Q101. 内裤一定要保持干爽，这是为什么？

首先，穿潮湿的内裤很不舒服；其次，长时间穿着潮湿的内裤，极有可能让女性感染妇科炎症。

如果你已经不幸患上了炎症，阴道的分泌物必然会增多，这时就更要勤换内裤。无论是患上炎症前还是患上炎症后，让内裤持久处于干爽状态都十分重要，因为只有干爽，才能给予女性敏感部位以健康环境，避免染病或尽快治愈。

为什么干爽环境如此重要？

因为女性尿道口、肛门和阴道的距离很近，内裤穿上不用多久，就会有细菌出没，而潮湿环境最有利于霉菌、念珠菌等致病菌的繁殖，它们很有可能在你免疫力下降或阴道环境变化时入侵，让你患上恼人的妇科炎症。

现在有些内裤生产商开始使用一种有抑菌消毒、快速干爽功能的铜离子棉布做内裤裆布，引起很多人的关注。这种裆布对于长时间处于潮湿环境的南方女性来说简直就是福音；对于易患妇科炎症的女性来说，更是福音。

Q102. 袜子和内裤可以一起洗吗?

很多人会把袜子和内裤一起丢进洗衣机,不过也有不少人认为袜子很脏,与内裤一起洗容易引起泌尿系统和生殖系统感染。

其实问题没有那么严重。穿过的袜子上主要有汗液、真菌、老旧角质等,脚上有气味的人可能还有白癣菌等真菌及一些臭味代谢物。而女性内裤上会有阴道分泌物,男女内裤上都有可能残留有尿液,一条脏内裤还会带有0.1克粪便痕,排泄物中有轮状病毒、沙门氏菌及大肠杆菌等。

把不干净的袜子和内裤一起洗会发生感染吗?

答案是不会,不过正确的洗涤方法非常重要。如果内裤和袜子一起洗,应使用热水,加入洗衣液。这样大多数细菌和致病菌,会在高温的环境和洗衣液的揉搓或搅洗下被消灭,最后的漂洗过程也能带走大部分微生物。即使有小部分侥幸残存下来,经过晒干或烘干,没有相对的湿度环境,也无法再继续生长繁殖。假如这样还不能彻底消灭细菌,人体还有免疫力,在细菌侵入时也能自我保护。

当然,如果被真菌感染患了脚气,或皮肤敏感且免疫力低下的,就不要把袜子和内裤放在一起洗了,更要与家人的衣物隔离清洗。

Q103. 睡衣应该多久清洗一次?

至少一周一次。

英国一项新的调查发现,有51%的人认为,没有必要经常清洗睡衣,因为他们每晚只穿几个小时。很多人认为自己经常洗澡,睡衣穿几个星期也没关系。这样的认识是非常错误的。实际上,在我们洗浴之后、进入睡眠状态时,人体的新陈代谢还在继续,皮肤不断分泌的油脂和汗液会沾到睡衣上。几个星期不清洗睡衣的话,这些油脂和汗液就会对皮肤产生刺激,有可能导致毛囊炎或出现汗斑。

同时,在我们睡觉时,肉眼看不到的微生物、皮屑也会大量脱落到睡衣上。这些微生物通常没有什么危害,但如果不巧进入某些部位则有可能产生危害。比如,葡萄球菌进入伤口就会引发感染,而大肠杆菌进入泌尿道会导致膀胱炎。此外,微生物可以在人与人之间互相传播,如果你不经常清洗睡衣,就可能把微生物转移到其他人身上。如果你的睡衣已经被微生物严重感染,即使在清洗的时候,细菌也会转移到其他衣物上,从而传播给其他人。

这当然都是相对极端的情况,但清洗通常就能清除大多数微生物,因此专家们建议,即使天天洗澡,我们也应该至少一周洗一次睡衣。油性皮肤的人,需要更换、清洗的频率可能要更高。

Q104. 睡衣应该怎么清洗？

应用冷水或者40℃以下的温水和一般的中性洗衣液或者内衣专用洗衣液，用手轻揉清洗睡衣。洗衣液的量不能太多，否则会残留在睡衣上。

清洗睡衣时，应该在温水中放入洗衣液，待其完全溶解后才能将睡衣放进温水中；洗衣液不要直接与睡衣接触，避免睡衣褪色或颜色不均。

清洗睡衣时切勿使用漂白剂，因为含氯漂白剂会损害衣物的面料甚至使睡衣变黄或变色。由于日晒容易使睡衣变质、变黄，影响它的使用寿命，所以清洗完的睡衣应该放在阴凉处晾干。

Q105. 潮湿的地方，睡衣上经常出现霉斑怎么办？

棉质睡衣

可用几根绿豆芽，在有霉斑的地方反复揉搓，然后用清水漂洗干净，霉点就除掉了。

呢绒睡衣

先把睡衣放在阳光下晒几个小时，干燥后将霉点用刷子轻轻刷掉即可。如果是油渍、汗渍引起的发霉，可以用软毛刷蘸些汽油，在有霉点的地方反复刷洗，然后用干净的毛巾反复擦几遍，放在通风处晾干即可。

丝绸睡衣

先将丝绸泡在水中用刷子刷洗。如果霉点较多、很重，可以在有霉点的地方涂些5%的酒精溶液，反复擦洗几遍，便能很快除去霉斑。或者用柠檬酸洗涤，后用冷水漂洗。

化纤睡衣

可用刷子蘸一些浓肥皂水刷洗，再用温水冲洗一遍，霉斑即可除掉。

Q106. 真丝睡衣应该如何清洗？

先要仔细查看水洗标

真丝品种繁多，清洗前应仔细查看衣物的水洗标。有些真丝品种不宜洗涤，如花软缎、织锦缎、古香缎、天香绢、金香绉、金丝绒等；有些品种适合干洗，如立绒、漳绒、乔其纱等；有些可以水洗，洗前先在冷水中浸泡10分钟左右，浸泡时间不宜过长。洗涤时最好手洗，切忌大力揉搓。如果没有注明必须手洗，则是可以机洗的丝绸。机洗时要选择轻柔档。深颜色一般易掉色。

选用专用洗衣液

丝绸衣料不耐碱，清洗时应选用中性配方、不含酶的丝绸手洗专用洗衣液或丝毛净，这些专用洗衣液通常含有柔顺成分，保护丝毛纤维不受损伤，洗后衣物不变形，且柔软、抗静电。更为专业的洗衣液里还含有特效增艳因子，令衣物色泽保持鲜艳亮丽。

采用手挤压洗，忌拧绞

用挤压的方式去除水分，悬挂阴干或折半悬挂阴干；切勿在阳光下暴晒，不宜烘干。

关于收纳存放

Q107. 你有放置内衣的专用抽屉吗？

内衣，因为体积小、数量多，抽屉是我用过的最合理、最方便的内衣收纳容器，所以，请务必为我们的内衣准备好少则两三只抽屉，多则五六只抽屉。

如果有条件，应该将内衣各个种类分开收纳，这就需要一个五屉或七屉柜，以方便分别放置。

文胸

文胸最好将背扣打开、罩杯朝上放置。一个女人拥有的文胸种类通常肯定不止一种，因此，可以在抽屉里放上几个收纳盒，按不同种类将文胸分开放置。比如，带钢圈的一组，软罩杯一组，或者在此基础上再做细分。也应该在这个抽屉留出一块空间，放置与文胸有关的配件，比如可拆卸的棉垫、胸贴、肩带加宽附带、防肩带滑落带等。

内裤

内裤应该是女性数量最多的内衣种类。可以按款式分类，比如三角裤、平角裤、T字裤等；可以按材质分类，比如有痕、无痕等；也可以按颜色分类，分为黑色、肤色和其他流行色。

内搭背心

背心是女性必不可少的内衣种类。收纳背心最方便的办法是按款式分类，比如吊带、宽肩、半袖等；也可以按长度分类，比如肚脐上、肚脐下、及臀、过臀等。

通常我也会将衬裙放在这个抽屉里。

睡衣

睡衣体积相对较大，我的办法是卷起来按照季节分成三个区域放在抽屉里，一为春夏，二为秋冬，三为特殊单品。卷起来的好处，一是可以很容易找出自己想穿的那一件，二是可以最大程度地利用空间。

家居服

与睡衣相同，我也习惯卷起来收纳，但不是按照季节，而是分开上装与下装即可。

塑身衣

塑身衣的品类较为复杂，最好的办法也是用隔板隔开放置。

Q108. 文胸穿多久后可以被扔掉？

文胸在穿戴一定时间后，明里或暗里使用的橡筋、丈根绳的弹力都会变得松懈，质量好的可能松得慢点。

通常文胸在连续穿戴三个月以后，就应该考虑更换了。如果在这个期限之前出现橡筋变软、筋线断裂等问题，就应及时果断放弃。

Q109. 内裤穿多久后可以被扔掉？

判断是否该扔掉内裤的依据不应该是时间，而是内裤的实际状况。

无论多么喜欢一件内裤，如果它出现破损，橡筋断开或弹性布料松懈，裤腰松垮，吸湿效果和透气性都变差，档布发黄再也洗不干净，或者整体褪色等以上任何一种情况，都应该及时放弃。尤其是纯棉内裤，因为棉的回弹能力低，很容易发生松懈现象，更换的频率应该更高。

内裤穿得久了，即使每天清洗、晾晒，也不能完全杀死细菌，而且还会发黄、发硬。尤其是女性，阴道分泌物中的蛋白质成分，很容易成为细菌滋生的温床，更容易引起妇科疾病。因此一般来说，经常替换的内裤，最好是在穿过半年后就扔掉。

Q110. 真丝内衣应该如何存放？

小件的内衣，如文胸、内裤等，宜放入抽屉存放；大件的内衣，如睡衣，应悬挂存放。

存放衣物的箱、柜要保持清洁、干燥，尽量密封好，防止灰尘污染；不要喷洒除臭剂或香水，不要放置樟脑丸。保存真丝服装，无论是文胸、内裤，还是睡衣、家居服，都先要清洗干净，晾晒或熨干后再收纳。

在潮湿的南方，如果丝绸衣服未经洗净或熨平就存放起来，容易发生霉变、出蛀。经过熨烫，可以起到杀菌灭虫的作用。

熨烫时将衣物晾至七八成干再均匀地喷上清水，待3～5分钟后再烫，熨烫温度应控制在130~140℃之间，熨斗不宜直接接触绸面，应该在上面加盖一层湿布再烫，以防高温使丝绸发脆，甚至烧焦。

PART 4

身
体
护
理

Q111. 你在意胸部的护理吗？

女性的乳房通常被认为是女性身体最美的部分，也被认为是最容易注意到的女性特征，而且承载着哺育下一代的使命。女人们关注自己的乳房，可是对它们的了解却并不如想象得多，很多女性甚至不知道胸部是需要护理的，更不用说应该如何护理它们。

关于乳房，我们听说最多的可能都跟疾病有关。由于生活和工作压力的不断增加，许多女性情绪易怒、精神压抑，导致乳腺增生、乳腺炎等疾病，尤其是乳腺癌，目前其发病率已是女性恶性肿瘤的第一位。即便如此，很多女性对它的关心还是不够，以为穿对文胸就已经足够了。由于生活和工作的节奏紧张，可能也根本无暇顾及如何保养它们。

Q112. 理想的乳房应该是什么样的？

一般专家们认为理想的女性乳房应该丰满、匀称、柔韧而富有弹性。乳房位于胸大肌上，通常是从第二肋骨延伸到第六肋骨的范围。两乳头间的间隔大于20厘米，乳房基底面直径为10～20厘米，乳轴（从基底面到乳头高度）为5～6厘米，左右乳房大小基本一样。形状挺拔，呈半球形。

但这样理想的乳房不是每个女性天生就能拥有的，许多人要靠后天努力才能接近理想的状态。保养护理得越恰当、越及时，与理想的距离就越近。这也是我们需要护理乳房的原因。

Q113. 什么是胸部护理？

如果我们去美容院，可能经常会碰到美容师向我们推荐美胸项目。所谓美胸，其实就是通过胸部按摩，以达到丰胸或保持乳房坚挺的效果。

按摩的确是最直接的保养胸部的方法。

在按摩过程中，美容师会沿乳房轮廓由下往上、由外往内推挤乳房，刺激其末梢神经系统；也会轻轻拍打腋下淋巴部位，以促进血液循环，加快新陈代谢，帮助乳腺更通畅。在此过程中，按摩师通常会使用专门用于乳房按摩的乳液或精油，帮助放松。有些美容院还会使用专业仪器对乳房进行按摩，以起到活血化淤的作用。

其实这样的按摩我们自己在家里也可以经常操作，比如每天早上起床前和晚上临睡前仰卧在床上时，就可以花上几分钟，在乳房周围有节奏地自我旋转按摩，先顺时针方向，再逆时针方向，直到乳房皮肤微红、微热为止，最后提拉乳头数次。这样的按摩能刺激整个乳房，包括乳腺管、脂肪组织、结缔组织等。

长期坚持正确的按摩是促进乳房健美的有效方法，不过按摩一定要适当，不要用力过猛，否则就不是保养而是伤害了。

Q114. 乳腺增生应该注意什么？

乳腺增生既不属于炎症也不属于肿瘤，它是女性乳腺正常结构紊乱而形成的乳房疾病，主要指女性纤维组织和乳腺上皮增生。

并没有研究表明，钢圈是导致乳腺增生的原因。带钢圈的文胸不是造成任何女性疾病的原因。但钢圈的确会压迫乳房，如果尺码选择不当就会让人感觉强烈不适，而我们知道世界上有相当高比例的女性穿的是不合适的文胸。所以，对于有乳腺增生的人来说，还是选择没有钢圈的文胸为好，要选择相对宽松的文胸，以保证良好的局部微循环。

不过，值得注意的是，女性完全不穿文胸也并不可取，一旦乳房失去合适的支撑和保护，特别是胸部丰满或超重的女性如果任由乳房长期下垂，会影响血液和淋巴液的循环，反而可能成为乳腺增生的诱发因素。

Q115.　哪些体育锻炼可以加强对胸部的保养？

美不是胸部保养的唯一目的，按摩也不是让乳房坚挺的唯一方法，让乳房既美又健康才是我们最终要达到的目标。

有两个特别好的动作可以经常做：长时间持续的扩胸运动是第一个既简单易行又很有效的保养方法。两臂或两肘平展，尽力向后扩张；然后两臂上举，掌心向前，用力向后运动。胸部在不断扩张中能促进血液循环。久坐的人，经常做这个动作能迅速舒展胸腔，让身体充满新活力。第二个动作是将双手并拢靠在一起，将手肘尽量往上抬高，双手间不留空隙，重复10~15次，这个动作能强化胸部肌肉。

虽然乳房组织并无肌肉，不能通过锻炼使之增大，但锻炼可增强乳房下面的胸肌，只有有了发达结实的胸部肌肉，乳房才有隆起的空间。为加强胸部肌肉的锻炼，就要坚持做一些有强度的运动项目，比如俯卧撑、单杠引体向上、双杠的双臂曲伸等。游泳对年轻女性来说更是理想的丰胸运动，因为水对胸廓的压力不仅能使呼吸肌得到锻炼，胸肌也会格外发达，而且游泳还有利于腹肌、腰肌的锻炼。不过，人到中年以后，如果你还想保持一副单薄的身板、不希望自己太厚实的话，就尽量不要长时间游泳。

Q116. 不同年龄段应该如何对乳房进行不同的护理？

女人的一生大多要经历发育、生育、更年期等从成长到衰退的生理变化，而乳房是这个过程最直接的反映者。因此在女性不同的人生阶段，乳房会有不同的状态，对它们的保健护理就要分别对待。

青春期的乳房护理

这一时期正是乳房的发育阶段，保健以能够给予其发育空间为主。

不要刻意束胸。大多数女孩子在16岁时进入乳房定型期，这时候就应该选戴合适的文胸。文胸不能过紧、过窄，否则容易引起发育过程中不良习惯导致的乳头回缩等不良反应；要随时注意乳房的发育情况，及时更换合适的型号。

更要避免外力（特别是较重的外力）碰撞和挤压乳房，以防乳房及其周围组织受伤。

成人后的乳房护理

塑造良好胸型是这个阶段养护的重点。

大多数未婚女性每次月经前后都会出现乳房胀痛或乳头胀痒疼痛的症状，乳房在这个时候不仅敏感，而且也在迅速成长。这一阶段要花些时间做针对胸部的运动项目，比如俯卧撑，可以练就结实的胸肌；也应该坚持做正确的胸部按摩，缓解胸部不适的同时塑造美丽的胸型，让其高耸而坚挺。这个阶段是女性乳房发育的最后阶段，这个阶段结束后，你的罩杯尺码就基本定型了，因此一定不要错过这个最佳的丰胸时机。

这时候可以开始穿有固型功能的文胸，比如钢圈文胸和聚拢文胸，以防止乳房在迅速成长中下垂、外扩等。

哺乳期的乳房护理

做母亲的过程，不同的女性会有不同的反应，但孕期及产后的哺乳期、恢复期，对所有女性的乳房来说是一场相同的挑战。这期间乳房很容易受损和感染，常见问题有泌乳期腺瘤、纤维腺瘤、脂肪瘤、纤维囊肿变化、乳汁囊肿等。哺乳期结束后，已经增大一倍的乳房也会明显缩小。

坚持母乳喂养本身就有保健作用。有的女性在怀孕之前患有乳腺小结、乳头发育不良（如乳头短、乳头伸缩性差等），很多人在坚持较长时间的母乳喂养后得到了改善。

这个时期胸部护理的重点转变为防止由于乳房突然变小造成的下垂加重等现象，除了要继续坚持对乳房进行按摩护理外，选戴一个能托住整个乳房的文胸也变得特别重要。还要注意饮食，不要营养过剩，不要乳汁过多剩余，要特别注意乳房卫生，防止发生感染。

哺乳期过后，女性就要开始养成每年定期检查乳房的习惯，拍摄乳腺X线以筛查乳腺疾病，早发现早治疗。

更年期的乳房保健

女性的更年期大部分发生在45~55岁之间。这时候卵巢功能退化，乳房开始萎缩，腺体进入平静期。不过，45岁以后是乳腺癌等乳房疾病的高发期，因此，此阶段对乳房的护理要以疏通保健为重点，并增强防癌意识。

更年期的女性，由于体内雌性激素在下降，乳房会发生诸如体积变小、松软下垂等现象。这时，仍然应该坚持每月一次的乳房自我检查以及每年一次的X线摄影筛查。如果这个阶段突然出现乳房变大、皮肤低凹、乳头变平或凹陷、乳房皮肤溃烂或变红、乳头流出异样分泌物等现象，就一定要尽快求医，因为这些都可能是乳腺癌的早期症状。

老年期的乳房保健

女性在绝经之后就正式进入老年期了，乳房萎缩丧失美感，腺体也进入老年期，此阶段对乳房的保养要以舒适保健为重点。

此时不需要选择带钢圈或带超厚海绵垫的文胸，轻薄的模杯式文胸既能托住下垂的乳房又能避免暴露乳房萎缩的情况，更重要的是它不会阻碍乳房经脉，影响腺体正常运行。另外，保持年轻、乐观的心态在此时尤为重要。

Q117. 如何处理多余的体毛？

冬天还好，一到夏天，肯定有不少姑娘就要为身上较多的体毛感到烦恼了。

令人烦恼的体毛常表现在四肢和腋下，穿露胳膊或露腿的衣服时会显得不美观。也有私处体毛多的现象，不过大多数女性对此并不在意，因为它是极其普遍和正常的现象。

造成体毛多的原因多半是女性体内的雄性激素过高。正常的大概只有40ng/DL，如果高于此，甚至达到男性的水平（600~900ng/DL），就会出现体毛旺盛的情况。

如果是由于家族遗传因素造成的天生体毛较多，倒也不用为此担心或在意，这是一种正常的"返祖"现象，由决定体毛基因的常染色体引起，对身体没有伤害。不过，如果是由后天性因素造成的体毛多，比如女性体内雄性激素增高，或雌性激素和雄性激素的比例失调等，就要加以小心，尽快检查一下是什么原因造成的。

平时对皮肤和毛发的护理要得当，不要过于频繁地拔毛、脱毛或者用不当手段拔毛、脱毛，否则，反而会引起多毛。

如果对此真的特别在意，不把毛脱干净绝不罢休，那要选择秋冬季节，可以避免夏季日晒、出汗多引起的色素沉着等问题。另外可以选择激光脱毛，这种治疗通常需要3～5次才能达到持久效果，4～6个月毛发才可能被完全清除干净不再生长。那么秋冬脱毛，正好在春夏季时能露出光滑的皮肤。

Q118. 什么是"比基尼脱毛术"？

如果你正计划要去海边，而且要穿比基尼游泳或晒日光浴，那我建议你在去之前先去正规的整形医院，做一个"比基尼脱毛"的项目。

通常我们穿的三角内裤，其前片V字形边缘被称为"比基尼线"。有些天生毛发茂盛的女性会有毛发从这条线的边缘露出，让人感觉不雅或尴尬。而"比基尼脱毛术"能够将腹股沟处的毛发剃成小于比基尼线的形状。修剪之后，女性就可以避免毛发外露的尴尬。

有人会自己用剃须刀剃或用镊子拔，这些都是不可取的方法。剃不干净不说，再次生长后的毛发还会发硬，严重的还会奇痒难受。

想要有相对长久的脱毛效果，要用蜜蜡脱毛术；而如果想要永久脱毛，则一定要做规范的激光脱毛术。激光脱毛的过程不复杂也不痛苦，医生先在脱毛区域涂上冷凝胶，再用激光一点点除毛。激光做两遍，第一遍会感到一点针刺式的疼痛；第二遍因为冷凝胶没有第一遍凉了，灼热感会稍微加深，但都在可以承受的范围之内。二十天后需要到整形医院复查，直至脱毛区域彻底干净。做过激光脱毛术的比基尼区域将永不再长新毛。

比基尼脱毛术现在俨然已经成为一门艺术，可以将毛发修出各种不同的形状。比如心形是相对比较传统的形状，还有法式和巴西式等流行款式。

法式是将比基尼线周围的毛发剃除干净，只保留中间及后面的毛发。如果你不希望有过于光秃的感觉，那法式是最好的选择。至于前面毛发的形状，窄窄一个长方形是最为经典的，不过你也可以要求剃成任何你喜欢的形状。

巴西式是更热门的选择，又分为"百慕大三角形"巴西式和"沙漠岛"巴西式。

巴西式与法式相同的是，都会剃除比基尼线周围的毛发；不同的是，巴西式同时也会剃除底下和后面所有的毛发，只保留前面和中间的一块。如果你想要彻底光滑的感觉，那就选择巴西式吧。跟法式一样，你也可以对留下那部分毛发的形状提出自己的要求。

"沙漠岛"巴西式是比百慕大三角形更小的三角形，大概在耻骨部位，就像沙漠上的一个小岛，故而得名。三角形是巴西式常见形状，不过也可以是法式的选择。

还有一种"好莱坞式"，是将所有毛发完全剃除。

不过，不是所有人都适合比基尼激光脱毛，月光过敏患者、局部或全身有炎症、有免疫系统缺陷以及孕妇都属于不宜人群。

而具体剃成什么样，要看个人审美。不剃，保留自然状态也没有任何问题。

Q119. 护理臀部有哪些益处？

臀部护理是美容护理的项目之一，除了能让人放松身心，还有很强的保养功效。比如：

1. 可以改善痛经、月经不调等女性问题。同时还能改善肠壁的血液循环。

2. 能平衡阴阳，改善睡眠质量，从而消除疲乏、头晕、烦躁、潮热等症状，让人精神面貌改观。

3. 帮助排出盆底、腹部、腹股沟多余的脂肪和毒素。

4. 臀部护理时，如果医生的手法到位，能修复盆底肌，改善子宫及阴道、韧带的弹性，收紧阴道，启动卵巢功能，刺激腺体分泌等，从而提高女性的性能力，让夫妻更加恩爱。

Q120.

如何收副乳？

　　副乳是指人体除了正常的一对乳房之外出现的多余乳房，一般在腋前或者腋下。有的仅有乳腺，有的仅有乳头，但也有在腋部可见完整的乳体（乳头、乳晕、腺体），且较大。副乳增生时会有胀痛感。

　　不完整性副乳，特别是只有乳头、乳晕而没有腺体组织者，对身体影响不大。完整性副乳就不一样了，因其具有同正常乳房一样的组织构造、生理特性和病理性变化，同样受雌性激素的影响，在月经周期、孕期或哺乳期会肿胀疼痛，甚至在哺乳期间有少量乳汁分泌。此外，正常乳房可能面临的疾病，如炎症、增生、肿瘤等，副乳也有同样风险，而且可能性比正常乳腺更高一些。

　　一般医生建议用手术的方法消除副乳。但有一些没有达到手术程度但会影响胸部美观的副乳，很多女性朋友们则希望女性内衣能够给予调整和缓解。

　　聚拢型文胸或胸衣，对于收两边的副乳有一定效

果。通常，这种文胸是全罩杯的，包容性好；四排背
钩；侧比也比一般文胸高，用鱼骨片支撑，可以把副
乳完全塞入罩杯里，让胸部看起来更加美观。

快读·慢活™

　　节奏越快，生活越忙，越需要静下心来，放缓脚步，品味生活。慢生活是一种人生态度，也是一种可践行的生活方式。

　　"快读·慢活™"，是一套致力于提供全球最新、最智慧、最令人愉悦的生活方式提案的丛书。从美食到居家，从运动、健康到心灵励志，贯穿现代都市生活的方方面面，贯彻易懂、易学、易行的阅读原则，让您的生活更加丰富，心灵更加充实，人生更加幸福。